贵州高速公路大雾预报预警技术

吉廷艳　彭芳　裴兴云　牛迪宇　胡跃文　编著

气象出版社
China Meteorological Press

内容简介

本书介绍了贵州省大雾时空分布特征,分析了锋面大雾和辐射大雾生消过程中风、温、湿等气象要素的演变特点以及大雾天气成因,总结了高速公路大雾预报预警指标和大雾天气行车注意事项,介绍了贵州高速公路大雾预报预警系统开发技术。本书可供气象、交通及相关领域的科研和业务技术人员参考应用。

图书在版编目(CIP)数据

贵州高速公路大雾预报预警技术/吉廷艳等编著
. —北京:气象出版社,2020.5
ISBN 978-7-5029-7204-2

Ⅰ.①贵… Ⅱ.①吉… Ⅲ.①高速公路一雾一气象预报一贵州 Ⅳ.①P457.7②U491.1

中国版本图书馆 CIP 数据核字(2020)第 073247 号

贵州高速公路大雾预报预警技术
Guizhou Gaosu Gonglu Dawu Yubao Yujing Jishu

吉廷艳 彭芳 裴兴云 牛迪宇 胡跃文 编著

出版发行:气象出版社
地 址:北京市海淀区中关村南大街 46 号   邮政编码:100081
电 话:010-68407112(总编室)   010-68408042(发行部)
网 址:http://www.qxcbs.com   **E-mail**:qxcbs@cma.gov.cn
责任编辑:张锐锐 吕厚荃   终 审:吴晓鹏
责任校对:王丽梅   责任技编:赵相宁
封面设计:楠竹文化
印 刷:北京中石油彩色印刷有限责任公司
开 本:710 mm×1000 mm 1/16   印 张:6.125
字 数:130 千字
版 次:2020 年 5 月第 1 版   印 次:2020 年 5 月第 1 次印刷
定 价:45.00 元

目　录

第1章 概　述

1.1 引言

贵州省位于青藏高原东南侧斜坡面上，属于低纬高原山地，境内地势西高东低，自中部向北、东、南三面倾斜。特殊的地形地势是静止锋天气系统形成并长期维持的主要原因。静止锋系统东西摆动常常造成贵州大范围大雾天气，高原山地地形作用也是贵州大雾频发的重要原因。另外，夜间晴空辐射降温作用也常导致大范围大雾发生。大雾对公路交通、水上运输、航空飞行的影响显而易见。随着交通运输行业迅速发展，大雾对交通的影响将越来越严重。

近年来，由于全球气候变暖，极端天气事件频发，因大雾造成高速公路重大交通事故屡有发生，给国民经济和人民生命财产带来重大损失。2012 年 11 月 17 日，沪昆高速安顺市云峰服务区附近路段浓雾弥漫，双向车道发生多辆汽车追尾相撞，事故造成 9 人死亡、19 人受伤；2013 年 9 月 30 日，沪昆高速贵州剑河往台江方向 7 车因大雾追尾，造成 2 人死亡、25 人受伤；2014 年 1 月 10 日，因大雾天气，沪昆高速安顺至镇宁路段发生 7 车相撞，1 人受伤；2015 年 1 月 27 日贵遵高速公路因大雾和降雨天气，15 车连环追尾，1 人死亡、4 人受伤。在贵州高速公路建设快速发展的背景下，如何应对大雾天气对交通安全运输的影响，已成为当地政府、交通和气象等相关部门强化高速公路防灾减灾的工作重点。

随着高速公路建设营运快速发展，加上贵州特殊地形地貌、复杂天气系统影响，大雾对高速公路交通运输的影响将越来越突显。2018 年贵州高速公路通车里程已达 6450 km，高速公路网已覆盖全省各县，实现了全省县县通高速。随着高速公路网的覆盖，加上贵州高速公路多隧道和桥梁的特点，大雾等灾害性天气情况下高速公路网脆弱性增大，大雾对贵州高速公路交通影响将越来越严重，一旦引发交通事故将造成重大经济损失。为保障贵州高速公路交通安全运输，有必要结合贵州山地高速公路实际状况，开展高速公路大雾成因分析，探讨高速公路大雾预报预警方法，为高速公路安全管理、应急措施制定以及生命财产安全保障提供技术支撑。

关于高速公路雾的发生、发展规律与预报方法，国内科研工作者相继开展了较多研究。张利娜等[1]分析了北京高速公路大气能见度演变特征及相对应的物理因子，对大气能见度演变的动力热力条件进行了探讨。吴彬贵等[2]研究了京津塘高速公路秋冬雾气象要素与环流特征。吴兑等[3]利用广东南岭山地京珠高速公路粤北段布设的能见度仪和自动气象站观测资料,分析发现南岭山地高速公路雾区在11月到次年5月最盛。王博妮等[4]对江苏沿海高速公路低能见度浓雾的研究指出:高空暖性高压脊和地面变性冷高压的高低空环流配置为雾的形成提供了逆温层结和近地面弱风场条件;偏东气流和逆温层保证了水汽供应及其在低层汇聚。田小毅等[5]对沪宁高速公路江苏段低能见度浓雾天气过程实时资料进行分析,证实了浓雾具有较强的地域性特征,在丘陵、水网密集地区多局地性浓雾,日出后是团雾多发时段。吴东阁、吴彬贵等[6-20]对高速公路大雾及其影响也开展了相关研究。

针对贵州高速公路大雾的研究工作尚处于起步阶段。唐延婧等[20]对贵州山区高速公路低能见度的研究指出,低能见度的长过程有"象鼻"和缓慢下降的前期形态,能见度振荡幅度大、变化快;短过程占多数,能见度呈"突降"形态,其范围小、强度大、发生突然。关于贵州高速公路雾的研究有待进一步开展。

在贵州省科技支撑计划项目(黔科合支撑〔2017〕2812)资助下,项目组围绕贵州高速公路大雾预报预警技术开展了较为详细的分析研究;分析了贵州大雾天气时空分布特征和贵州高速公路大雾分布特征,对比分析锋面大雾和辐射大雾生消过程中风、温、湿等气象要素演变特点;研究锋面大雾和辐射大雾天气环流形势、大气层结特征、静止锋演变趋势、水汽条件和动力条件等,建立了贵州大雾天气概念模型,揭示大雾天气形成机理;总结了高速公路大雾预报预警指标及大雾天气行车注意事项,设计开发了"贵州高速公路大雾预报预警系统"软件,形成高速公路精细化大雾预报预警服务产品。研究成果为高速公路大雾预报预警服务提供了理论基础和技术支撑,进一步提升了交通气象预报预警服务能力。基于项目研究成果,经总结凝练形成本书主要内容。

1.2　资料及方法说明

大量事实和研究表明,雾天能见度降低至 500m 以下时,会对公路交通产生影响。结合气象行业标准《高速公路能见度监测及浓雾的预警预报》(QX/T 76 — 2007)[21],我们规定能见度在 500m 及以下的雾统称为大雾,其中,能见度下降至 200m 以下的雾为浓雾。一般而言,大雾、浓雾和重浓雾天气对高速公路的正常运行均存在较大影响,因此,文中主要针对能见度在 500 m 及以下(统称为大雾)的贵州大雾天气进行分析。

在此定义贵州省内同一时刻有 10 个以上站点出现大雾的天气过程为一次大范围大雾天气过程。

贵州能见度自动观测站建设始于 2013 年,当年仅建了 18 个县站,2014 年和2015 年各再建设 29 个和 30 个县站,因此,在 2016 年之后才有比较完整的能见度观测数据(共 77 个县站,尚有花溪、普定、贵定、丹寨、麻江、晴隆等县、市未建站)。从建站数量和观测资料完整性角度考虑,以 2016 年和 2017 年大雾天气为分析对象,利用 CIMISS 系统(全国综合气象信息共享平台)读取贵州省 84 个县站 2 年逐小时能见度资料(其中,尚未建自动站的 6 个县站仅有 08 时、14 时和 20 时 3 个时次观测资料;另外,缺失 2016 年 1 月 13 日 17 时—14 日 10 时和 2016 年 3 月 4 日 20 时—5 日 18 时资料),剔除重复数据,以小时为单位,统计贵州省能见度低于 500 m 的站点和时次。由于大雾和强降雨都可能造成低能见度天气,因此,同时也统计小时降水量超过 10 mm 且能见度低于 500 m 的站点和时次,由此排除强降雨造成的低能见度情况,客观分析贵州大雾天气时空分布特点。

另外,选取 2016—2017 年贵州大雾天气个例,分析大雾天气的气象要素演变特征。首先,查阅逐日 08 时、14 时、20 时 MICAPS(气象信息综合分析处理系统)地面天气图资料,分析选取有雾日期,并判别是锋面雾还是辐射雾;同时,统计同一个时次(根据小时观测数据,若某小时能见度观测值在 500 m 及以下,则该时刻为 1 时次或 1 h 大雾)能见度低于 500 m 的站点数达 10 个以上的时间信息,筛选出大雾天气个例 48 个(31 次锋面大雾、17 次辐射大雾)。以大雾天气个例为分析对象,提取每个个例大雾对应站点逐小时风、温、压、湿等相关气象要素资料,分析大雾生消过程中气象要素变化特点。

利用 MICAPS 天气图、贵阳站探空资料等重点分析了 5 次锋面大雾天气和 4 次辐射大雾天气环流特点、层结特征、锋面特征、水汽条件、动力条件等大雾形成物理机制,探讨锋面大雾和辐射大雾形成原因。结合高速公路大雾分布特征,从环流形势、静止锋变化趋势、大气层结状况、水汽和动力条件、地面气象要素等方面总结贵州高速公路大雾预报指标。利用气象自动站和交通气象站逐分钟能见度观测资料,分别选取典型锋面大雾和辐射大雾天气个例各一例,分析海拔高度与锋面大雾的相关性以及海拔高度与辐射大雾的相关性。基于气象自动站和交通气象站实时观测资料,以及高速公路大雾预报指标、数值天气预报要素产品,利用计算机、网络、GIS(地理信息系统)等先进技术设计开发贵州高速公路大雾预报预警系统。

贵州省交通气象站的建设始于 2014 年,由贵州省交通厅牵头建站,当年建设完成 40 个站点,2016—2018 年又陆续建设了 90 余个交通气象站,但由于设备维护和管理权限等原因,能够获取到的观测资料有限。

锋面雾归类方法:通常情况下,地面天气图上存在明显风向切变线,且切变线前后两侧区域表现为不同的天气现象,即:切变线前方受暖湿气流影响,表现为多云天气、偏南风、气温相对较高;切变线后方受冷空气或变性冷空气影响,表现为阴雨天气、偏北风、气温相对较低。这种情况表明有静止锋存在,伴随出现的雾归为锋面雾。

辐射雾归类方法:不受静止锋影响,仅仅由于辐射降温作用产生的雾归为辐射雾。

所选锋面雾个例中含有混合雾(锋面、夜间辐射降温等因素共同作用形成),归类原因主要考虑了大雾天气受静止锋影响为主,夜间辐射降温是次要因素。

3

第 2 章　贵州大雾天气特征

　　根据实时观测数据分析大雾的时空变化特征是做好大雾预报工作的基础。关于全国或某个区域雾的时空分布和气候变化特征方面,许多学者开展过相关研究[4,22-29]。刘小宁等[30]分析了全国雾的时空分布特征,并对雾日数变化原因进行了初步解释;魏建苏等[31]探讨了沿海地区雾的生成与风向、风速和海温关系;崔驰潇等[18]利用江苏省沿海高速公路 2012 年 6 月—2014 年 5 月逐分钟 AWMS(气象自动监测系统)实时监测数据,按能见度大小和物理成因对雾的发生过程进行分类统计,分析了其时空变化特征,探讨了造成各种时空分布差异的原因。关于贵州雾的时空特征分析方面,罗喜平等[32]、陈娟等[33]、谢清霞等[34]、夏晓玲等[35]开展过相关研究,但已有研究基本上都是基于人工观测的雾资料而进行的。2012 年之前,贵州对雾的观测主要是通过人工目测获取,资料获取时间和精度有限,大多数台站仅有 08 时、14时和 20 时观测数据。2013 年后随着观测设备更新换代,各地陆续实现了雾的自动观测,雾资料时次增多、精度大大提升,因此,有必要利用高精度的雾资料开展相关研究,有助于提升贵州大雾预报预警服务能力。

2.1　大雾时空分布特征

2.1.1　全省大雾时空分布

　　2016—2017 年贵州全省共出现低能见度天气 20386 时次,其中,因强降雨造成低能见度天气 640 时次(主要发生在 4—9 月),其余 19746 时次低能见度天气主要是大雾所致,其中浓雾天气(能见度 200 m 以下)为 13036 时次,占大雾天气时次的66%,这反映了贵州浓雾天气居多。

　　贵州省大雾时数的月分布显示,各月均可能出现大雾天气(图 2.1)。其中,秋末到初春是大雾频发时期,11 月、12 月、1 月及 3 月大雾时数均在 2000 h 以上,占大雾总时数的 11.5%~18.7%(共计 57.7%),尤其是 1 月份大雾最多,两年共 3702 h(占18.7%);7—9 月大雾天气相对较少,各月占比都不到 4%,且主要出现在万山、平塘、息烽、德江、正安、普安、大方、贞丰等地。大雾天气在秋末到初春频发原因与这期间冷空气频繁活动、静止锋在云贵高原长时间维持关系较大。由于冷空气影响,气温降低,空气中水汽容易达到饱和,为大雾天气的产生提供了有利条件;静止锋的存在,导致暖湿空气与冷气团交汇容易形成大雾天气。

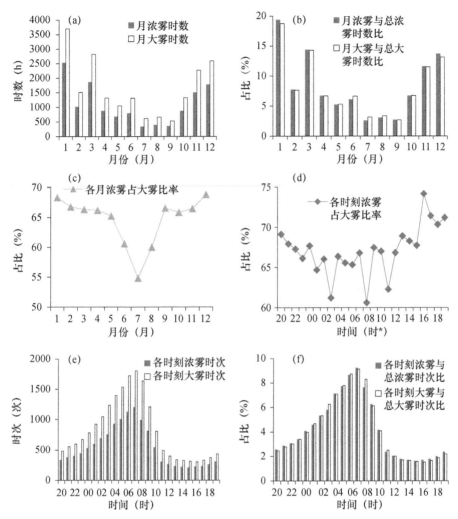

图 2.1　全省大雾(浓雾)时数(a)和占比(b、c)的月分布以及出现时间分布(d、e、f)

浓雾时数月分布与大雾时数月分布相似,11 月、12 月、1 月及 3 月较多,各月浓雾时数均在 1500 h 以上,占浓雾总时数的 11.6%～19.4%(共计 59%),1 月份浓雾达 2529 h(占 19.4%)。从浓雾占大雾的比例看,各月浓雾均占 55% 以上,尤其是1—5 月和 9—12 月浓雾占大雾的 65%～69%,也就是说一旦有大雾天气则很有可能出现浓雾。

从两年全省大雾的时间分布来看,一天中任何时刻都可能出现大雾天气,尤其

＊　这里的"时",指北京时,全书同。

以夜间 02 时至早晨 09 时为大雾频发时段,该期间大雾时次占总时次的 58.8%,各时刻大雾均超过 1000 时次(占比 5.3%～9.1%),07 时达到峰值(占 9.1%),16 时为大雾天气低谷点,仅占 1.5%。大雾多发于夜间的原因,一是与特定天气系统(静止锋、冷高压等)相关,其次也因夜间辐射降温作用易使近地层水汽凝结,进一步促进了大雾形成。

浓雾时间分布与大雾相似。夜间浓雾多于白天,07 时浓雾达到峰值(占 9.3%)。各时刻浓雾占大雾的 60%～74%。

贵州大雾空间分布极不均匀,具有非常明显的地域性特点(图 2.2)。总体来说,贵州大雾自西向东可以划分为四个多雾区域:一是以普安、贞丰为中心的西南部区域,包含威宁、六枝、关岭、安顺、兴义、安龙、盘县等地;二是以息烽和开阳为中心,大方为次中心,都匀和平塘为第三中心的中部区域,包含贵阳、清镇、修文、汇川、瓮安、独山、三都、雷山等市(县)、区;三是以万山为中心的东部边缘区域,包含松桃、三穗、岑巩、黎平、从江等县(市);四是以德江、务川为中心的北部局部区域,包含赤水等地。

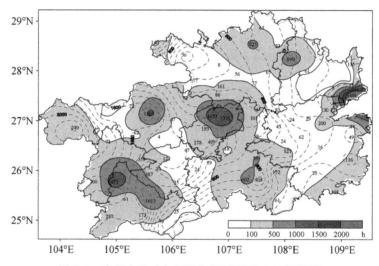

图 2.2　贵州大雾时次空间分布(虚线是台站等高线)

从两年各地大雾频数来看,万山、息烽、开阳、普安、大方、贞丰等地是大雾频发中心,大雾频数都超过 1000 时次,占总数的 5.1%～17.7%(合计 51.3%),万山高达 3501 时次(占 17.7%)。其次,德江、正安、平塘、都匀、贵阳也是大雾相对较多中心,大雾频数接近或超过 500 时次(占比为 2.5%～4.5%)。

贵州大雾显著的区域性差异除与特定天气系统(静止锋、冷空气活动)有关外,更与贵州独特的高原山地相关,大雾中心点基本也是台站高度相对较高点。暖湿空气沿山体抬升过程中,因上升降温而容易促进水汽凝结成雾。

2.1.2 中心点大雾时间分布

进一步对比分析万山、息烽、开阳、大方、普安、贞丰等多雾中心点的大雾时间分布情况(图 2.3),结果表明:各中心点都表现出夜间大雾多于白天、峰值基本都出现在 07 时或 08 时的特点,但各中心点大雾低谷出现时间不尽相同,出现在 12—17 时不等;万山各时刻大雾时次均远多于其他中心点;开阳和贞丰大雾从低谷到峰值和从峰值到低谷的变化都较平缓,峰值与谷值的差值相对较小;其他中心点的峰值与谷值差值较大。

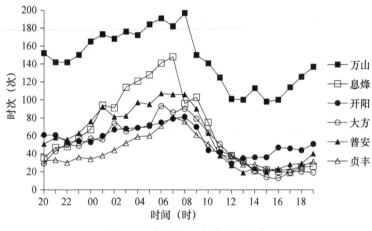

图 2.3 多雾中心大雾时间分布

2.1.3 多雾中心地形特点

万山区隶属于贵州省铜仁市,是川渝东出通江达海、沪杭西进黔滇、京津南下桂琼、广深北连陕甘的重要交通枢纽,沪昆、杭瑞、环贵州省 3 条高速公路穿境而过。万山属武陵山系,位于武陵山脉主峰梵净山东南部,地势东部低、西部高、中部隆起,自中部向北、东、南三面倾斜。北、东、南三面海拔在 600 m 以下,西部海拔 700~800 m,中部超过 800 m。境内最高点米公山海拔 1149.2 m,最低点在下溪河出境处(长田湾)海拔 270 m。东部山峦起伏,沟壑纵横,深谷密布,西部丘陵,地势开阔平缓。

大方县位于贵州省西北部、毕节市中部,乌江支流六冲河北岸,大娄山西端。其境内有杭瑞和贵黔高速公路。境内大部分海拔为 1400~1900 m,地势呈中西隆起,向南和北倾斜。境内山峦重叠、切割较深、沟壑纵横、地貌破碎,地形多样。北部属赤水河流域,南部、西部、中部为乌江水系六冲河流域。

普安县位于贵州省西南部的乌蒙山区,黔西南布依族苗族自治州西北部,南北盘江分水岭地带,属于云贵高原向黔中过渡的梯级状斜坡地带,沪昆高速公路穿境而过。地势中部较高,四面较低,乌蒙山脉横穿中部将全县分为南北两部分,南部地势由东北向西南倾斜,北部地势由西南向东北倾斜。境内最高峰长冲梁子位于中部莲花山附近,海拔 2084.6 m;最低点石古河谷位于北部,海拔 633 m。

息烽县为贵阳市辖县,地处黔中山原丘陵中部,境内有兰海和江都高速,地势南高北低,一般海拔为 1000~1200 m,大部为低中山丘陵地。最高点南望山南极顶,海拔 1749.6 m;最低点乌江出境处大塘口,海拔 609 m。

开阳县属黔中高原区,境内有银百和江都高速公路,地势西南高东北低,由西南分水岭地带向北面乌江河谷和东面清水河谷倾斜。最高海拔 1702 m,最低海拔 506.5 m,平均海拔为 1000~1400 m。

贞丰县隶属于贵州省黔西南州,境内有惠兴高速公路。地处云贵高原向广西低山丘陵过渡的斜坡地带,地势由西北向东南呈阶梯状逐级下降,形成多级台面,西部龙头大山主峰公龙山为境内最高点,海拔 1966.8 m;东南角洛帆河汇入北盘江处,为全县最低点,海拔 324 m。

2.2 锋面大雾与辐射大雾特征对比

贵州大雾主要与夜间辐射降温、静止锋活动及地形等因素相关,因此,贵州大雾可以分为辐射大雾、锋面大雾和地形大雾,有时也会出现辐射、锋面及地形共同作用的混合大雾。一般情况下,地形大雾局地性明显、范围有限,以普安、大方、息烽、开阳和万山等地最为突出。这里仅对辐射大雾和锋面大雾进行分析。针对所选个例,分析同一时刻有 10 个以上站点大雾(称为大范围大雾)天气的持续时长、出现时段、单站大雾变化等情况。

锋面大雾(含混合大雾)在贵州出现较多,常发生在秋、冬和春季,一般发生在冷空气影响过程中、静止锋附近或静止锋东退北抬过程中。统计发现(表 2.1),一天中任何时段均有可能发生大范围锋面大雾,但以夜间到早晨的时段较多,主要出现在贵州省的中西部地区,这与夜间降温和静止锋时常滞留贵州中西部关系较大。大范围锋面大雾一般持续 1~3 h,最长可持续 10~13 h。单站锋面大雾一般可持续 1~10 h 不等,最长可持续 60 h 以上。锋面大雾范围最广时可达 20 站点左右。

辐射大雾在一年四季都可能发生,但以秋、冬和春季出现较多,夏季出现较少;一般发生在冷高压控制时天气转晴的夜晚,有时也发生在降雨过后水汽充足的夜间。统计表明(表 2.2),大范围辐射大雾天气主要出现在后半夜到早晨(03—10 时),以贵州中东部地区出现较多。持续时间相比锋面大雾较短,一般可持续 1~3 h,最长可持续 7~8 h。单站辐射大雾最长可持续 10~12 h。辐射大雾范围最广时可接近 40 个站点,远比锋面大雾范围要大,这与冷高压系统强度及影响区域尺度较大有关。

表 2.1　贵州锋面大雾个例及主要特点

序号	起止日期（年.月.日）	大范围大雾出现时段及主要区域			最大范围（站数）/出现时间（时）	持续时长（h）	单站情况			
		时段（时）	描述	主要区域			持续时长最长站点	持续时段（日.时）	时长（h）	间断时间（h）
1	2016.01.02	04—10	夜间—早晨	中西部	15/06	7	贞丰	01.16—02.20	29	
2	2016.01.04	07	早晨	中部/西南边缘	11/07	1	大方	03.21—04.08	12	
3	2016.01.09	06—10	早晨	中西部	14/09	5	万山	08.14—11.08	64	3
4	2016.01.16	06—07	早晨	中西部	11/07	2	万山	16.04—17.08	29	1
5	2016.01.20	04	夜间	中西部	11/04	1	贞丰	19.05—20.09	29	1
6	2016.03.17	06	早晨	中西部	10/06	1	万山	16.16—17.11	20	
7	2016.03.18	07—08	早晨	中东部	11/07—08	2	从江	17.22—18.08	11	1
8	2016.03.22	04—08	夜间—早晨	中西部	12/05	5	万山	21.20—22.22	27	
9	2016.03.29—30	23—00,02	夜间	西南部/中东部	12/02	2	三都	29.21—30.05	9	
10	2016.04.04	03—04	夜间	中西部	10/03—04	2	万山	03.17—04.07	15	1
11	2016.04.09	07	早晨	中西部	12/07	1	开阳	09.07—10.00	18	1
12	2016.05.01	05	夜间	中西部	10/05	1	普安	30.16—01.05	14	
13	2016.11.12—13	21,23—01,03—07	夜间—早晨	中西部	12/21	5	贞丰	12.18—13.11	18	2
14	2016.11.14	02—04	夜间	中西部	11/02—04	3	大方	13.21—14.06	10	
15	2016.11.17	07	早晨	中部	11/07	1	万山	15.19—18.14	68	
16	2016.12.19—20	23—00,06—15	夜间,早晨到下午	中西部	14/08,15	10	万山	19.06—21.01	43	

续表

序号	起止日期(年.月.日)	大范围大雾出现时段及主要区域			最大范围(站数)/出现时间(时)	持续时长(h)	单站情况			
		时段(时)	描述	主要区域			持续时长最长站点	持续时段(日.时)	时长(h)	间断时间(h)
17	2016.12.24	18-19	傍晚	中部	10/18-19	2	息烽	24.10-25.08	23	
18	2017.01.03-04	03-10,12-18,20,22,00-01,03-04,07	夜间-白天-夜间	中西部	18/07,08	8	贵阳	03.03-04.08	30	3
19	2017.01.16	07	早晨	中西部	10/07	1	贞丰	16.03-20	18	
20	2017.01.18	02-03,19-20,22	夜间,傍晚	中西部	11/02,03	2	贞丰	17.21-19.02	30	
21	2017.02.02	08-10,12-19,21	上午,傍晚	中西部	15/15	8	万山	31.22-03.08	59	
22	2017.03.09-10	23-08	夜间-早晨	中西部	15/01-02	10	关岭	09.16-10.10	19	
23	2017.03.11-12	21-09	夜间-早晨	中西部/东北部	21/03-05	13	贞丰	11.07-12.11	29	
24	2017.03.15	07	早晨	中西部	11/07	1	开阳	14.23-15.11	13	1
25	2017.03.17	05-09	早晨	中西部	12/05,08	5	万山	17.03-18.03	25	
26	2017.03.19	01-10	夜间-早晨	中西部	18/08	10	万山	18.13-20.09	45	2
27	2017.03.21-22	21-23,02-08	夜间-早晨	中西部	13/03	7	万山	21.10-22.11	26	
28	2017.06.04	07	早晨	东北部/中部	10/07	1	息烽	04.00-10	11	
29	2017.11.29	07-08	早晨	中部	11/08	2	大方	28.20-29.18	23	
30	2017.12.03	04-05,07-08	夜间-早晨	中西部	13/07	2	贞丰	02.02-03.15	38	1
31	2017.12.07	03-04	夜间	中西部	10/03-04	2	普安	06.19-07.12	18	2

表 2.2　贵州辐射大雾个例及主要特点

序号	日期 (年·月·日)	大范围大雾出现时段及主要区域					单站情况		
		时段（时）	描述	主要区域	最大范围（站数）/出现时间（时）	持续时长（h）	持续时长最长站点	持续时段（日·时）	时长（h）
1	2016.02.27	05,08—09	早晨	中东部	15/08	1,2	平塘	27.03—10	8
2	2016.03.31	04—06	夜间	中东部	15/05	3	德江	31.02—08	7
3	2016.11.11	03—09	夜间—早晨	全省大面积	20/07	7	德江	11.03—11	9
4	2016.11.27	04—09	后半夜到早晨	中东部/北部	16/07—08	6	三穗	27.00—10	11
5	2016.12.01	02—06	夜间	中东部/北部	12/04,06	5	三穗	01.00—08	9
6	2016.12.04	04,06—09	后半夜到早晨	东部/北部	16/08	1,4	德江	04.02—11	10
7	2016.12.05	03—10	后半夜到早晨	全省大面积	31/08	8	德江	05.00—11	12
8	2016.12.08	05—10	后半夜到早晨	全省大面积	26/08	6	修文	08.03—11	9
9	2016.12.09	03—10	后半夜到早晨	全省大面积	35/08	8	正安	08.23—09.09	11
10	2016.12.10	05	夜间	东南部	10/05	1	从江	10.02—09	8
11	2017.02.05	04—10	后半夜到早晨	全省大面积	39/08	7	平塘	04.23—05.10	12
12	2017.02.26	07—08	早晨	中部/东北部	11/07—08	2	正安	26.04—09	6
13	2017.06.04	07	早晨	中部/东北部	10/07	1	息烽	04.00—10	11
14	2017.07.01	07	早晨	中北部	13/07	1	正安	01.01—08	8
15	2017.07.02	06—07	早晨	中东部	13/07	2	安龙	02.01—08	8
16	2017.10.31	08	早晨	北部/南部	11/08	1	平塘	31.04—10	7
17	2017.11.08	06—08	早晨	北部/南部	12/07—08	3	正安	08.03—11	9

2.3 大雾过程中气象要素演变特征

2.3.1 总体特征

大雾形成、维持及消散过程与环境气象要素场变化密切相关,空气湿度、气温、风速等气象要素是大雾生消变化的重要影响因子。针对每一次大雾个例,分析大雾范围最广时段对应观测站点风、温、湿等相关气象要素特征。

风速:风速大小对大雾形成和持续具有重要影响,风速较大不利于大雾形成和持续,统计大雾对应时段各站点逐小时风速资料,可以看出,不论是锋面大雾还是辐射大雾,10 min 平均风速一般为 $0\sim3$ m/s,少数情况为 $4\sim5$ m/s。

水汽:充沛的水汽是大雾形成的必要条件,当空气中水汽达到饱和时,就会有水汽凝结悬浮于空中形成雾。黄治勇等[29]指出地面水平能见度与相对湿度呈显著的反相关关系,雾的含水量越大,能见度越低。相对湿度是空气中实际水汽压与饱和水汽压的比值,反映了空气距离饱和的程度。温度露点差是实际温度与露点温度的差值,也是一个表示空气干湿程度的物理量。分析锋面大雾和辐射大雾对应站点逐小时相对湿度和温度露点差资料发现,大雾期间空气中相对湿度一般为 $97\%\sim100\%$,极少数为 $94\%\sim96\%$,温度露点差很小,一般为 $0\sim0.5$℃,极少数为 $0.6\sim0.9$℃。这一结果充分体现了大雾相对于普通雾(能见度>500 m)来说对水汽条件要求更高。

气温:气温变化状况对大雾形成和持续具有重要影响作用。在空气中水汽充沛情况下,微弱降温条件有利于水汽凝结聚集。统计大雾个例对应站点逐小时变温资料发现,辐射大雾形成初期或形成前 $1\sim2$ h 内气温呈下降状态;大雾过程中气温变幅很小,处于弱降温或弱升温状态,小时升温一般低于 1℃,一旦升温超过 1℃后,大雾天气将很快结束;大雾消散期升温现象较明显,这与辐射大雾天气状况有关,多数情况,辐射大雾出现在晴朗少云、水汽丰富的夜间,由于晴空辐射降温,水汽凝结而形成的天气现象,当日出后气温将迅速上升,水汽蒸发,湿度降低致使大雾消散。对于锋面大雾来说,大雾初期降温和后期升温现象并不十分突出,部分锋面大雾个例初期气温是处于恒温或微弱上升状态(升温幅度<0.5℃),大雾消散期表现为弱升温甚至是弱降温现象。

地气温差:分析逐小时地气温差(地面温度与气温的差值)资料发现,辐射大雾的地气温差变化存在一定规律,从大雾形成到结束过程,地气温差呈现由负值到正值或由低到高的变化趋势,反映出近地层大气由较为稳定的逆温环境向不稳定环境变化过程;大雾消散时地气温差会出现 $3\sim10$℃不等的跳跃性增大现象,主要表现为地面温度增长幅度较大。对锋面大雾来说地气温差的这个变化特点并不明显,只有部分个例存在这种变化趋势。

气压:在大雾过程中,气压多呈现出起起伏伏的波动变化状态。

水汽压:大雾期间,水汽压变化与气温变化相似,一般情况下,随气温升高而升高,也随气温下降而下降。

2.3.2　锋面大雾典型个例

针对 5 次大范围锋面大雾个例重点分析天气特点以及大雾持续时间最长的气象观测站风、温、湿等气象要素演变趋势。大范围锋面大雾个例包括 2016 年 1 月 2 日、2016 年 4 月 9 日、2016 年 11 月 12—14 日、2017 年 1 月 3—4 日和 2017 年 3 月 9—12 日的天气过程。

(1)个例 1(2016 年 1 月 2 日,06 时 15 站大雾)

此次大范围大雾主要出现在 1 月 2 日 04—10 时,但零散的大雾却持续时间较长。1 月 1 日 02 时—2 日 03 时、2 日 11 时—3 日 13 时仍陆续有少数站出现大雾,整个大雾过程持续 59 h(图 2.4)。

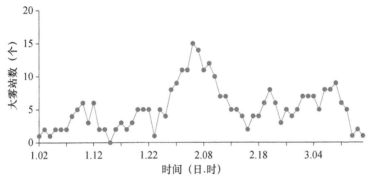

图 2.4　2016 年 1 月 1—3 日大雾站数变化

大范围大雾形成前,静止锋位于云南省中东部。随着新一股冷空气于 1 月 1 日 08 时从西北路径影响贵州,处于静止锋后的贵州西部地区的威宁、普安、晴隆、贞丰、关岭等县(市)产生大雾,并伴有降雨。冷空气东移速度较快,1 日 14 时静止锋东退到云南与贵州交界。1 日夜间由于弱冷空气和西南气流交替影响,静止锋东西摆动,造成贵州中西部大范围大雾天气,2 日 04—10 时有 10 个以上站点持续产生大雾,并于 2 日 06 时达到最广,为 15 个站点(图 2.5)。

贞丰站大雾持续时间最长,从 1 月 1 日 16 时到 2 日 20 时共 29 h,其中,2 日 00—15 时能见度持续低于 100 m。大雾期间,贞丰空气湿度很大,一直维持在 99%,温度露点差维持在 0.1℃;风速较小,10 min 平均风速为 0.2~2.8 m/s;大雾期间伴有降雨出现;气温变化小,大雾初期处于恒温状态,大雾消散时气温变化也不明显,能见度迅速增大,超过 1000 m 时气温仅比大雾初期气温升高 1.5℃;地气温差一直处于正变化状态,且大雾初期和后期变幅较大;气压呈现波动式变化,并呈下降状态;水汽压变化趋势与气温相似,呈现略微增大的现象(图 2.6)。

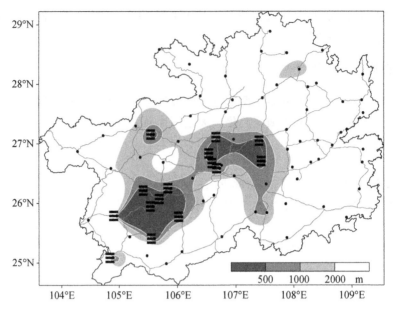

图 2.5 2016 年 1 月 2 日 06 时大雾分布(≡为大雾站点;色斑为能见度,单位:m)

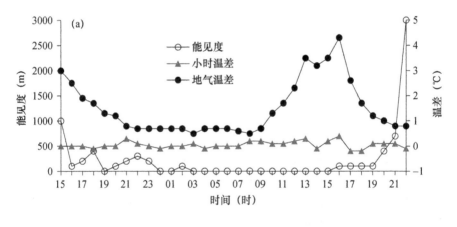

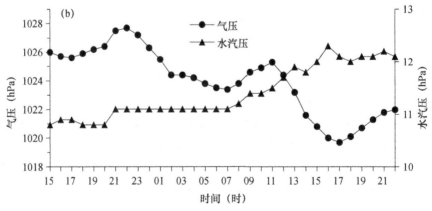

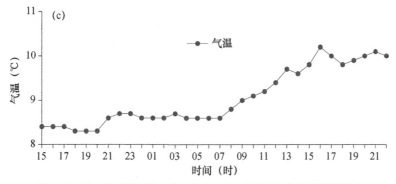

图 2.6　贞丰站 2016 年 1 月 1 日 15 时—2 日 22 时气象要素演变

(2)个例 2(2016 年 4 月 9 日,07 时 12 站大雾)

2016 年 4 月 9 日 07 时贵州中西部出现大范围锋面大雾天气。10 站以上大雾天气仅持续了 1 h,1 站以上大雾天气持续了近 35 h(图 2.7)。

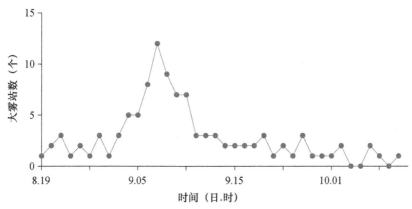

图 2.7　2016 年 4 月 9 日大雾过程站数变化

天气图上,4 月 8 日 20 时,静止锋位于云贵边界,9 日 08 时,由于云南境内低压系统发展,静止锋被推回贵州中部地区,在锋面系统作用下,出现雨雾天气,9 日 07 时大雾范围最广,为 12 个站点(图 2.8),主要出现在静止锋经过的贵州中西部地区。

开阳站大雾持续时间最长,达 18 h(4 月 9 日 07 时—10 日 00 时,其中 14 时短暂减弱,能见度升到 600 m)。大雾期间,空气湿度维持在 97%～98%,温度露点差为 0.3～0.5℃;10 min 平均风速为 1.2～3.2 m/s;大雾期间伴有降雨出现;气温变化小,大雾后半期持续呈现弱降温状态,大雾消散时气温比大雾初期还低 0.6℃;地气温差持续呈现正变化状态,中期变幅较大;气压呈现波动式变化;水汽压变化与气温相似,先略升,后持续略降(图 2.9)。

(3)个例 3(2016 年 11 月 12—14 日,12 日 21 时 12 站大雾)

2016 年 11 月 12 日 21 时—13 日 07 时及 14 日 02—04 时贵州中西部出现大范围锋面大雾天气。整个大雾过程持续 61 h(图 2.10)。

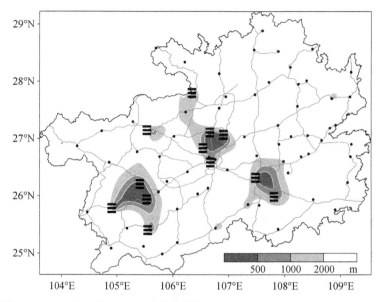

图 2.8　2016 年 4 月 9 日 07 时大雾分布(≡为大雾站点;色斑为能见度,单位:m)

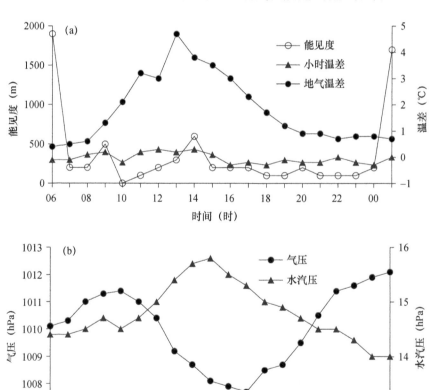

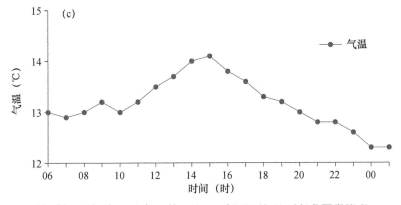

图 2.9　开阳站 2016 年 4 月 9 日 06 时—10 日 01 时气象要素演变

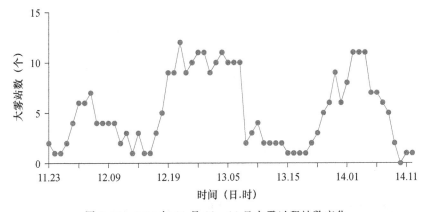

图 2.10　2016 年 11 月 12—14 日大雾过程站数变化

天气图上,11 日 14 时在贵州北部到云南东部有切变形成,由于新疆冷高压经四川从西北路径影响贵州,切变系统于 11 日夜间南压到贵州南部,并逐渐减弱,切变线附近贵州中部和西南部等地有大雾形成,并伴有降雨。12 日下午,云南低压有所发展,12 日 20 时,由于东北路径冷空气回流和新疆冷高压快速东移影响,贵州西南部切变系统锋生,处于锋后的贵州中西部出现了范围较大的大雾天气,21 时大雾范围达最广,为 12 站(图 2.11),大范围大雾持续近 11 h。随后,由于低压系统发展,静止锋被推到贵州东北部,并长时间维持,处于锋后的东部地区陆续有大雾出现。

贞丰站大雾持续时间最长,近 30 h(11 月 12 日 06 时—13 日 11 时),其中有 2 个时次(12 日 16 时、17 时)大雾呈现消散状态,能见度增大到 1000~1400 m。大雾期间,空气相对湿度基本维持在 99%,温度露点差维持在 0.2℃;10 min 平均风速为 0~2.6 m/s;伴有降雨出现;气温呈现弱升温或恒温状态,大雾消散时气温较初期升高 3.4℃;地气温差持续呈现正变化状态,前期和末期变幅较大;气压呈现波动式变化;水汽压变化与气温相似,呈升高趋势,大雾消散时水汽压较初期上升了 3.6 hPa(图 2.12)。

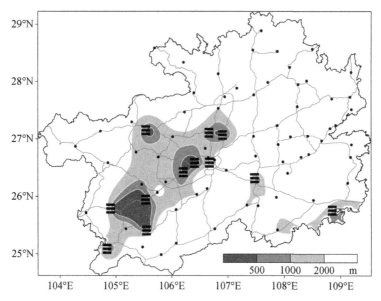

图 2.11　2016 年 11 月 12 日 21 时大雾分布（≡为大雾站点；色斑为能见度，单位：m）

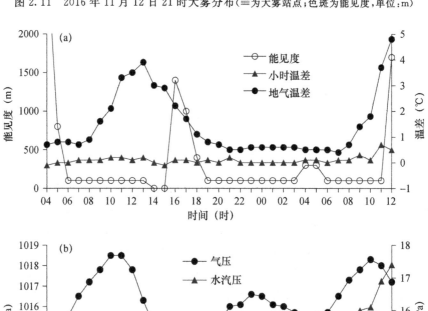

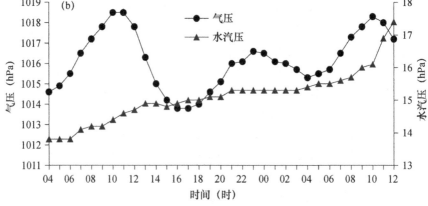

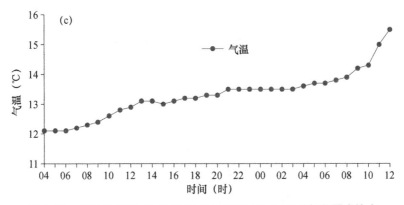

图 2.12　贞丰站 2016 年 11 月 12 日 04 时—13 日 12 时气象要素演变

(4)个例 4(2017 年 1 月 3—4 日,3 日 07—08 时 18 站大雾)

2017 年 1 月 3 日 03 时—4 日 07 时贵州中西部出现大范围锋面大雾天气,大范围大雾持续时间较长(约 29 h),整个大雾过程持续 41 h(图 2.13)。

天气图上,1 月 1 日 14 时热低压系统在贵州迅速发展增强,静止锋位于贵州东部并趋于锋消;同时,一股冷空气从内蒙古经青海进入四川盆地。1 日夜间,冷空气进一步南下,并从西北路径进入贵州,热低压快速消失。2 日静止锋在云贵边界形成,贵州大部地区出现轻雾。2 日夜间处于静止锋后的贵州中西部地区出现大范围大雾,于 3 日 03 时大雾范围达 11 个站。之后,大雾范围不断扩大,并于 3 日 07—08 时达到最广,为 18 个站(图 2.14)。随着冷空气不断补充影响,大范围大雾天气持续存在(持续近 29 h),至 4 日 07 时仍有 10 个站出现大雾(除 3 日 11 时、19 时、21 时、23 时,4 日 02 时、05 时、06 时 7 个时间点外,其余时段均有 10 个以上站出现大雾)。

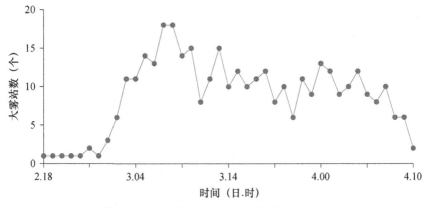

图 2.13　2017 年 1 月 3—4 日大雾站数变化

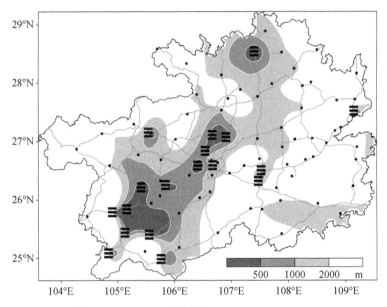

图 2.14　2017 年 1 月 3 日 08 时大雾分布(≡为大雾站点;色斑为能见度,单位:m)

贵阳站大雾持续时间最长,近 30 h(1 月 3 日 03 时—4 日 08 时),其中有 3 个时次(3 日 16 时、17 时、4 日 02 时)大雾呈现消散状态,能见度增大到 700~1000 m。大雾形成前 2 h(3 日 01 时)空气相对湿度为 91%,温度露点差为 1.4℃,能见度为 1900 m;2 h 后,相对湿度迅速增加到 98%,温度露点差降为 0.3℃,能见度也随之快速降低到 200 m。之后,相对湿度进一步增大并维持在 100%,温度露点差维持 0℃;大雾期间,风速较小,10 min 平均风速为 0.5~3.1 m/s;大雾期间伴有降雨出现;大雾初期 3 日 03—04 时处于弱降温状态,大雾期间至消散时处于弱升温状态,大雾消散时气温较初期上升了 3.4℃;地气温差为前期正变化、后期负变化;气压呈现波动式变化,并呈下降状态;水汽压变化与气温相似,呈现升高趋势,大雾消散时水汽压较初期上升了 3 hPa(图 2.15)。

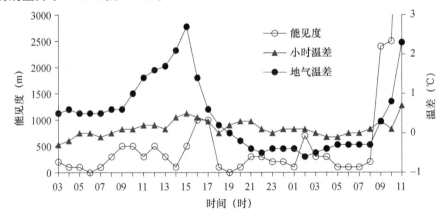

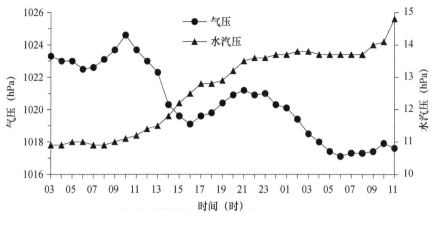

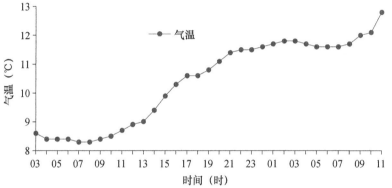

图 2.15　贵阳站 2017 年 1 月 3 日 03 时—4 日 11 时气象要素演变过程

(5)个例 5(2017 年 3 月 9—12 日,12 日 03—05 时 21 站大雾)

2017 年 3 月 9 日 23 时—10 日 08 时及 11 日 21 时—12 日 09 时贵州中西部出现大范围锋面大雾天气。整个大雾过程持续 103 h(图 2.16)。

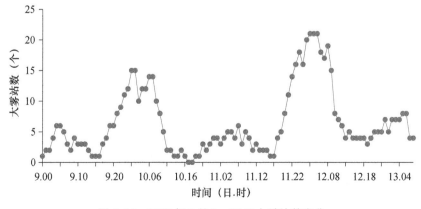

图 2.16　2017 年 3 月 9—12 日大雾站数变化

3月6—8日冷空气持续补充影响贵州,静止锋位于云南东部,8日贵州中东部受冷高压控制,9日冷高压减弱东移,静止锋随之东退北抬到贵州中北部,这时已有几个站点出现大雾,9日傍晚大雾范围逐渐扩大,23时有11个站出现大雾,9日夜间随着静止锋再次西伸南压(08时到达贵州西部),大雾范围进一步扩大,10日01—02时达到最广,为15个站,大范围大雾(10个以上站)持续了8 h;10日白天到11日白天大雾范围减小,11日夜间至12日早晨大雾范围再次增强,12日03—05时持续为21个站(图2.17)。静止锋的东西摆动是这次大范围大雾形成的主要原因。

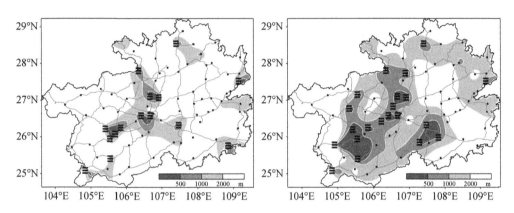

图2.17 2017年3月10日01时(左)和12日03时(右)大雾分布
(≡为大雾站点;色斑为能见度,单位:m)

关岭站大雾持续时间最长,达19 h(3月9日16时—10日10时),其中,9日17时—10日05时能见度持续低于100 m。大雾期间,空气相对湿度基本维持在98%~99%,温度露点差维持在0.1~0.3℃;10 min平均风速为0.1~3.5 m/s;大雾期间伴有降雨出现;气温变化小,大雾形成前2 h有0.4℃的降温,大雾期间气温起伏不大,大雾消散时的气温仅比大雾初期升高1.2℃;地气温差持续呈现正变化状态,初期和末期变幅较大;气压呈现波动式变化,并呈上升趋势;水汽压变化与气温相似,呈现略微增大的现象(图2.18)。

2.3.3 辐射大雾典型个例

选取4次大范围辐射大雾个例,重点分析大雾天气特点以及大雾持续时间最长站点的风、温、湿等气象要素演变趋势。大范围辐射大雾个例包括2016年2月27日、2016年11月11日、2016年11月27日和2017年7月1日的大雾天气过程。

(1)个例1(2016年2月27日,08时15县站大雾)

2016年2月27日05—09时贵州中东部出现大面积辐射大雾天气。整个过程持续10 h(图2.19)。

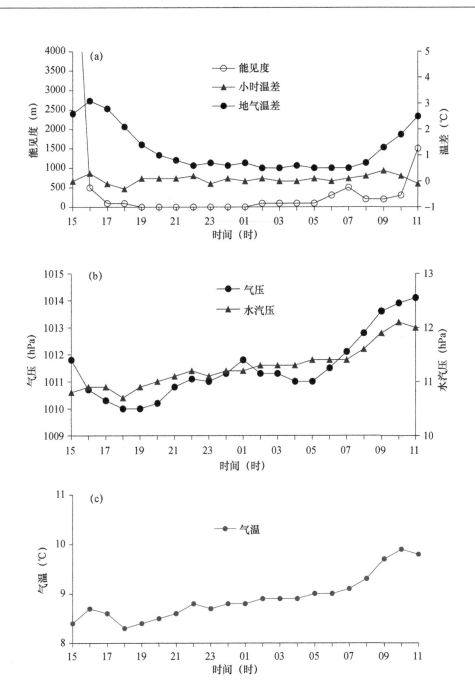

图 2.18　关岭站 2017 年 3 月 9 日 15 时—10 日 11 时气象要素演变

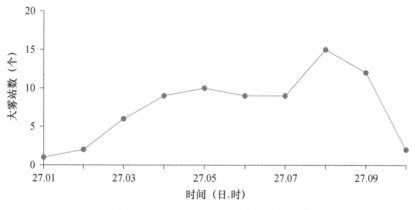

图 2.19　2016 年 2 月 27 日大雾站数变化

2 月 22—25 日受北方冷空气持续影响,贵州维持阴雨雪天气,26 日冷空气势力减弱,静止锋位于云南中西部地区,贵州受冷高压控制,天气转晴。26 日夜间受辐射降温影响,贵州中东部地区出现大范围大雾天气。逐小时能见度资料显示 27 日 05时、08—09 时有 10 个以上站点产生大雾,范围最广为 15 个站点,出现在 08 时(图 2.20),10 时以后大雾迅速消散。

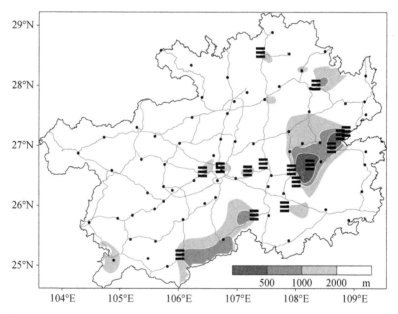

图 2.20　2016 年 2 月 27 日 08 时大雾分布(≡为大雾站点;色斑为能见度,单位:m)

平塘站大雾持续时间最长,为 8 h(27 日 03—10 时)。大雾期间,空气相对湿度持续为 98%～99%,温度露点差为 0.1～0.3℃;风速较小,10 min 平均风速为 0.1～1 m/s;大雾初期气温呈下降状态,大雾消散时气温迅速上升;地气温差呈现由负到正的变化趋势,大雾消散时地气温差增幅较大;气压呈现波动式变化;水汽压变化与气温相似,初期略下降,后期持续上升(图 2.21)。

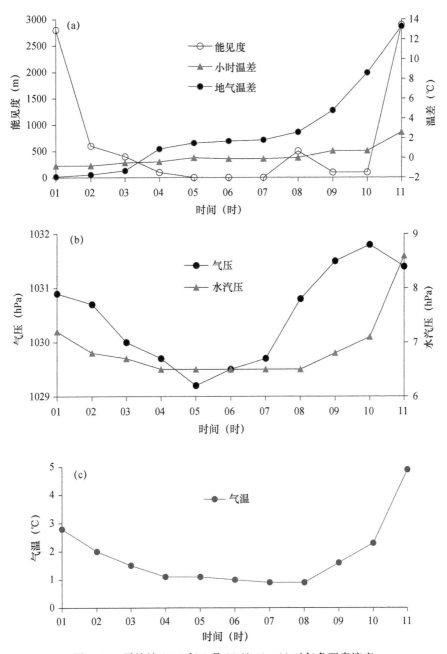

图 2.21　平塘站 2016 年 2 月 27 日 01—11 时气象要素演变

(2)个例 2(2016 年 11 月 11 日,07 时 20 站大雾)

2016 年 11 月 10 日夜间到 11 日早晨贵州出现大面积辐射大雾天气。整个过程持续 13 h(图 2.22)。

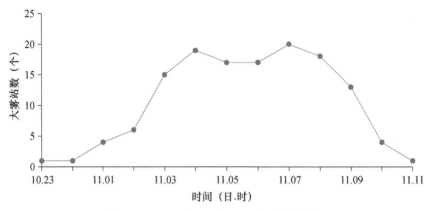

图 2.22　2016 年 11 月 11 日大雾站数变化

11 月 10 日受冷高压控制,贵州大部地区天气由阴雨转为晴天,11 日 03 时在辐射降温作用下大范围大雾迅速产生,有 15 个站出现大雾,07 时大雾范围达到最广,为 20 个站(图 2.23),10—11 时由于气温迅速上升,大雾很快消散。大范围大雾天气持续了 7 h。

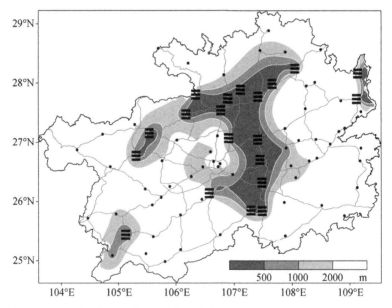

图 2.23　2016 年 11 月 11 日 07 时大雾分布(≡为大雾站点;色斑为能见度,单位:m)

德江站大雾持续时间最长为 9 h(11 日 03—11 时),这期间,空气相对湿度很大,持续为 99%～100%,温度露点差为 0～0.1℃;风速较小,10 min 平均风速为 0.4～1.6 m/s;大雾初期气温呈下降状态,大雾消散时气温迅速上升;地气温差呈现由负到正的变化趋势,大雾消散时地气温差增幅较大,反映了近地层大气由稳定到不稳定的变化过程;气压呈现波动式变化;水汽压变化与气温相似,初期略下降,后期持续上升(图 2.24)。

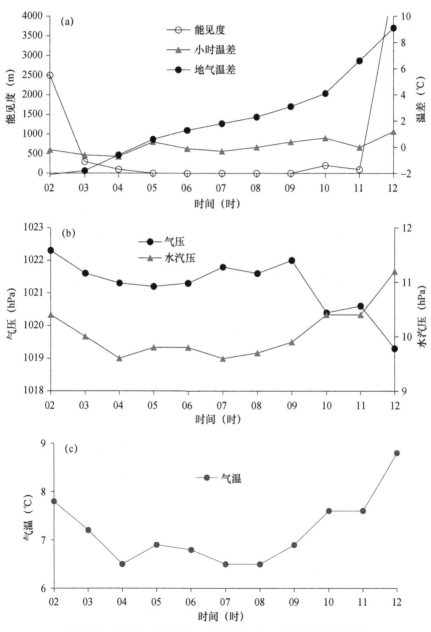

图 2.24　德江站 2016 年 11 月 11 日 02—12 时气象要素演变

(3)个例3(2016年11月27日,07—08时16站大雾)

2016年11月27日04—09时贵州中东部和北部出现大范围辐射大雾天气。整个过程持续13 h(图2.25)。

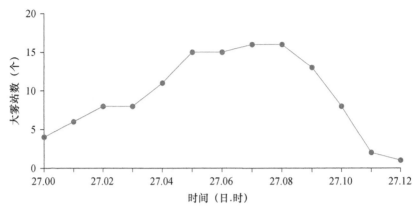

图2.25　2016年11月27日大雾站数变化

11月26日一股强冷空气从新疆经四川由偏北路径进入贵州,位于云贵交界的静止锋移动到云南中部。由于冷高压控制,26日下午贵州大部地区转为晴天,26日夜间受辐射降温影响,贵州中东部和北部出现大范围辐射大雾天气。27日04—09时,持续出现11个站点以上大雾,07—08时范围最广(图2.26),达16个站,大雾于11时后逐步消散。

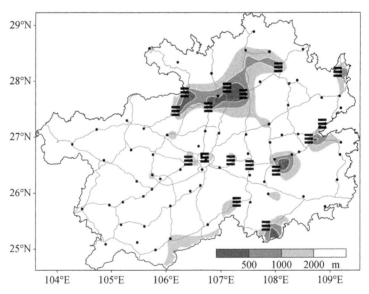

图2.26　2016年11月27日07时大雾分布

(≡为大雾站点;色斑为能见度,单位:m)

三穗站大雾持续时间最长,为 11 h(27 日 00—10 时)。大雾期间,空气相对湿度持续为 98%～99%(除起始时刻为 97% 外),温度露点差为 0.1～0.3℃;风速较小,10 min 平均风速为 0.4～1.2 m/s;大雾中前期气温呈下降状态,大雾消散时气温迅速上升;地气温差呈现正变化状态,大雾消散时地气温差增幅较大;气压呈现波动式变化;水汽压变化与气温相似,前期略下降,末期持续上升(图 2.27)。

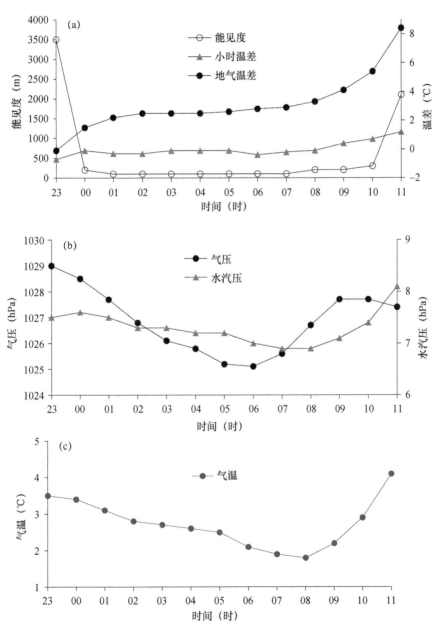

图 2.27　三穗站 2016 年 11 月 26 日 23—27 日 11 时气象要素演变

(4)个例 4(2017 年 7 月 1 日,07 时 13 站大雾)

2017 年 7 月 1 日 07 时贵州中北部出现大范围辐射大雾天气。整个过程持续 10 h(图 2.28)。

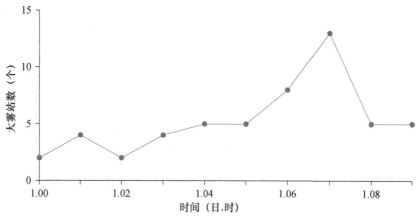

图 2.28 2017 年 7 月 1 日大雾站数变化

大雾之前(6 月 29—30 日),中低空受西南暖湿气流影响,空气湿度大,配合切变系统的作用下,贵州大部地区出现了强降雨天气。随着切变系统向东南方移动,30 日夜间降雨减弱,但由于空气湿度仍然较大,并且 850 hPa 有冷平流入侵,导致大范围大雾产生,7 月 1 日 07 时有 13 县出现大雾。1 日白天贵州大部地区转为多云天气,但仍然维持较大湿度,夜间随着气温下降,再次出现较大范围的大雾,2 日 07 时大雾范围达 13 站(图 2.29)。

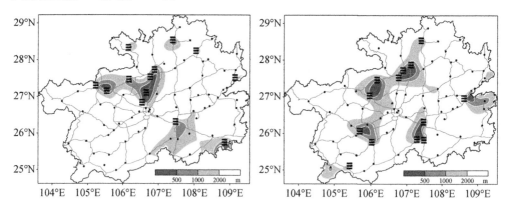

图 2.29 2017 年 7 月 1 日 07 时(左)和 2 日 07 时(右)大雾分布

(≡为大雾站点;色斑为能见度,单位:m)

正安站大雾持续时间最长,近 8 h(1 日 01—08 时,其中 02 时出现间断)。大雾期间,空气相对湿度维持在 99%～100%,温度露点差为 0～0.2 ℃;风速较小,10 min

平均风速为 0～2.6 m/s;大雾前期气温呈下降状态,后期呈上升趋势;地气温差呈现
正变化状态,大雾消散时地气温差增幅较大;气压呈前期降后期升状态;水汽压变化
与气温相似,前期略下降,后期持续上升(图 2.30)。

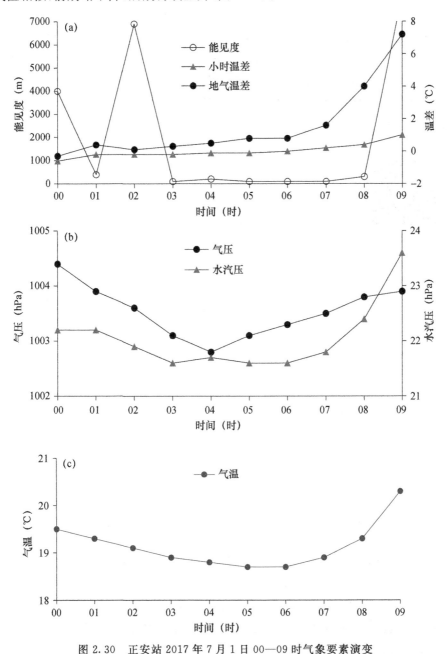

图 2.30 正安站 2017 年 7 月 1 日 00—09 时气象要素演变

2.4 贵州高速公路大雾分布特征

利用 GIS 邻近点插值技术,将 2016—2017 年贵州省各站大雾时数插值到高速公路,获取贵州高速公路大雾分布情况(图 2.31)。结果显示,高速公路大雾分布极不均匀,沪昆高速玉屏县附近和普安县附近、兰海高速息烽县附近、贵遵复线开阳县境内、杭瑞高速大方县附近是大雾频发中心,两年大雾时数在 1000 h 以上。根据大雾时数将相应路段分为大雾频发路段、大雾较多路段和大雾较少路段,结果如图 2.31 所示。

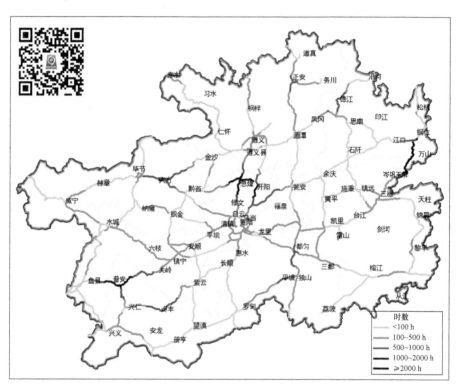

图 2.31 2016—2017 年贵州境内高速公路大雾时数分布

大雾频发路段:沪昆高速(G60)铜仁-万山-玉屏、关岭-普安-盘县,兰海高速(G75)都匀境内、息烽境内,杭瑞高速(G56)大方境内,贵遵复线开阳境内,江都高速(S30)开阳-息烽,银百高速(G69)贵阳-瓮安、正安境内,沿榕高速(S25)德江境内,惠兴高速(S50)贞丰境内,贵黔高速(S82)大方境内、晴兴高速(S65)普安境内。这些路段 2 年大雾时数在 500 h 以上。

大雾较多路段:沪昆高速(G60)玉屏-三穗-台江、麻江-龙里-贵阳-清镇、安顺-镇宁-关岭,兰海高速(G75)都匀-麻江-龙里,杭瑞高速(G56)思南-凤冈、遵义境内,夏蓉高速(G76)三都-都匀、贵阳境内,松从高速(S15)黎平境内,余安高速(S62)丹寨-凯里,蓉遵高速(G4215)赤水境内,贵黔高速(S82)贵阳-黔西,汕昆高速(G78)安龙-兴义,晴兴高速(S65)兴义-兴仁,水盘高速(S77)水城-盘县,水威高速水城-威宁,都香高速(G7611)六枝-镇宁。这些路段两年大雾时数在 100 h 以上。

大雾较少路段:除大雾频发路段和大雾较多路段外,其余路段为大雾较少路段。

2.5 小结

(1)贵州全年各月均可能出现大雾天气,但以秋末到初春为频发时期,其中,11月、12 月、1 月及 3 月大雾天气相对较多,7—9 月大雾天气相对较少。一天中任何时刻都可能产生大雾,夜间 02 时至早晨 09 时是大雾频发时段,07 时达到峰值,16 时是大雾天气低谷点。各大雾中心点都表现出夜间大雾多于白天、峰值基本都出现在 07时或 08 时的特点,但各中心点大雾低谷时间不尽相同,出现在 12—17 时不等;万山站各时刻大雾均远多于其他中心点。

(2)浓雾的月分布和日内的时间分布与大雾相似,11 月、12 月、1 月及 3 月浓雾较多,占总时数的 11.6%~19.4%(共计 59%),夜间浓雾多于白天,07 时浓雾达到峰值(占 9.3%)。浓雾与大雾的占比显示,浓雾占大雾的 66%,各月浓雾均占 55%以上,尤其是 1—5 月和 9—12 月浓雾占大雾的 65%~69%,各时刻浓雾占大雾的60%~74%,也就是说一旦有大雾天气则很有可能出现浓雾。

(3)贵州大雾自西向东可以划分为 4 个多雾区:一是以普安、贞丰为中心的西南部区域;二是以息烽和开阳为中心,大方为次中心,都匀和平塘为第三中心的中部区域;三是以万山为中心的东部边缘区域;四是以德江、务川为中心的北部局部区域。

(4)大范围锋面大雾主要出现在贵州的中西部地区,一般持续 1~3 h,最长可持续 10~13 h;单站锋面大雾一般可持续 1~10 h 不等,最长可持续 60 h 以上;锋面大雾范围最广时可达 20 站左右。大范围辐射大雾以贵州的中东部地区出现较多,持续时间相比锋面大雾较短,一般可持续 1~3 h,最长可持续 7~8 h;单站辐射大雾最长可持续 10~12 h;辐射大雾范围最广时可接近 40 个站,远比锋面大雾的最广范围大。

(5)锋面大雾和辐射大雾发生期间,空气湿度、风速和气压特征基本一致,而气温和地气温差的演变过程不太相同。通常情况下,10 min 平均风速为 0~3 m/s,相对湿度为 97%~100%,温度露点差为 0~0.5℃,气压呈波动变化。辐射大雾初期或形成前气温呈下降状态,大雾中期处于弱降温或弱升温状态,大雾消散期升温现象较明显;锋面大雾初期降温和后期升温现象并不十分突出,部分个例初期气温是处于恒温或微弱上升状态(升温幅度<0.5℃),大雾消散期表现为弱升温甚至是弱降温现象。辐射大雾地气温差呈现由负值到正值或由低到高的变化趋势,反映出近地层大气由较为稳定的逆温环境向不稳定环境的变化过程,大雾消散时地气温差会出现 3～10℃不等的跳跃性增大现象;锋面大雾的地气温差没有特定变化规律,仅有部分个例与辐射大雾情况一致。

(6)贵州高速公路大雾分布极不均匀,沪昆高速玉屏县附近和普安县附近、兰海高速息烽县附近、贵遵复线开阳境内、杭瑞高速大方县附近是大雾最频发的中心地带。

第 3 章　贵州大雾天气形成机理

国内关于大雾天气的研究分析较多,马翠平等[36]在对河北中南部及天津地区出现的一次大范围大雾天气分析中指出,850 hPa 以下西南暖湿气流和近地面层逆温长时间维持,是平流大雾持续的主要原因。李芳等[37]的研究表明,逆温层高度及强度与雾的浓度关系密切,弱冷暖平流有利于产生雾。严文莲等[38]的研究指出,有些强浓雾过程具有爆发性形成和加强的特征。更多关于雾的研究[12,39-48]主要是围绕辐射雾和平流雾开展的,而贵州特殊的地理位置和山区特点,导致贵州大雾形成发展、生消机制具有其独特性和复杂性。贵州大雾以辐射大雾、锋面大雾和地形大雾居多。杨静等[49,50]对贵州锋面雾的研究指出,静止锋稳定维持和贴地逆温层存在是雾发生的关键因素;锋面雾在准静止锋锋前和锋后都有出现,锋区附近具有逆湿分布特征。崔庭等[51]、王兴菊等[52]也对滇黔准静止锋锋面雾的结构及成因进行过探讨。关于贵州辐射大雾成因方面,罗喜平等[53]开展过研究。除此之外,尚未见更多关于贵州锋面雾和辐射雾天气成因的相关文献。

贵州地形大雾的局地性明显、范围有限,以普安、大方、息烽、开阳和万山等地最为突出。本章主要针对辐射大雾和锋面大雾形成机理进行分析。

3.1　锋面大雾天气分析

通过 5 次典型个例分析,总结归纳了锋面大雾天气环流形势、大气层结特征、锋面变化特点、水汽输送和动力条件,建立锋面大雾天气学概念模型,揭示锋面大雾形成机理。

总体来说,高空中高纬径向环流明显、高原多小槽东移,或南支槽活跃,低空偏南气流将南海水汽(有时为偏东气流将东海水汽)向贵州等地输送,静止锋云系发展和锋面系统东西摆动是大雾形成和发展的有利天气条件。水汽在贵州上空持续辐合导致低云发展增厚、云底下降,云底在海拔较高山地接地形成地面大雾;静止锋系统东西摆动,冷暖气流交汇致使大雾持续发展;锋面逆温增强致使大气层结较为稳定,有利于水汽在低空聚集和低云发展;低层气流辐合上升有利于低云发展加强,中层气流辐散下沉有利于云底下降形成地面大雾。

3.1.1 环流形势

大范围锋面大雾形成与特定的大气环流形势密切相关。分析发现:高空中高纬径向环流明显、高原多小槽东移,或南支槽活跃,低空偏南气流持续发展,静止锋云系发展和锋面系统东西摆动是大雾形成和发展的有利天气条件。

(1)个例1:2016年1月2日(主要时段04—10时)

南支槽前西南气流输送充沛水汽,冷暖空气交替影响致使静止锋系统东西摆动,是本次大范围大雾形成的主要原因。

大雾过程前后,500 hPa西太平洋副热带高压(以下简称副高)与印度洋副高相连并稳定维持,南支槽持续存在。欧亚高纬地区的低涡逐渐分裂形成两个中心,两低涡之间形成一条宽广横槽,1月2日08时贝加尔湖北面低涡东移入海,高原小槽于2日20时经贵州东移。700 hPa贵州主要受西南气流影响,850 hPa贵州也主要受偏南气流影响,有利于水汽输送。大雾天气出现前,1月1日20时850 hPa有弱冷平流东移影响贵州,加强了锋面逆温结构,有利于低空水汽聚集和低云发展(图3.1)。

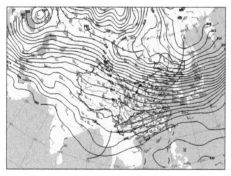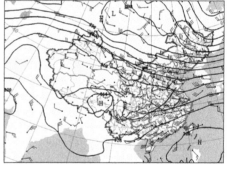

(a) 1月2日08时500 hPa高度场和风场　　(b) 1月2日08时700 hPa高度场和风场

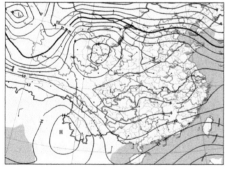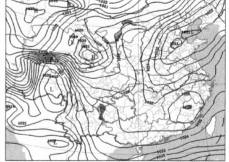

(c) 1月1日20时850 hPa温度场和风场　　(d) 1月2日08时地面气压场

图3.1　2016年1月1—2日天气形势

地面图上,大范围大雾形成前,静止锋位于云南省中东部,华北冷高压中心带动冷空气缓慢南下,贵州西部部分县市出现大雾。1月1日白天冷空气势力减弱,冷高压中心东移入海,伴随静止锋东退,大雾范围有所扩大,1日14时静止锋东退到云南与贵州交界处。1日20—23时,弱冷空气从东北方向回流影响贵州,静止锋又有所西伸。2日02—05时南风势力开始增强,静止锋被东推移动。随后,又有弱冷空气从偏北路径影响贵州,静止锋西伸。由于静止锋东西摆动造成贵州中西部大范围大雾天气。2日下午,随着南风增强,静止锋逐渐减弱,大雾天气随之减弱。

(2)个例 2:2016 年 4 月 9 日(主要时段 07 时)

西南低压增强发展,静止锋系统东退北抬,是本次大雾天气的主要原因。

大雾过程前后,中高纬经向环流明显,850~500 hPa 都表现为两槽一脊形势。500 hPa 西太平洋副高与印度洋副高相连并稳定维持,贵州主要受偏西气流影响,有高原槽东移。700 hPa 贵州也主要受偏西气流影响。850 hPa 广西一带西南气流将水汽向北输送,贵州受弱脊底部偏东气流影响,贵州南部与广西北部之间为切变系统(图 3.2),切变系统促进了云层发展增强。

地面图上,4 月 8 日 20 时,静止锋位于云贵边界,9 日 08 时,由于云南境内低压系统发展,静止锋被推回贵州中部地区,在锋面系统作用下,出现雨雾天气。

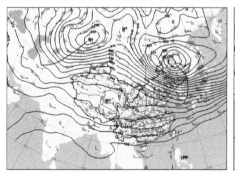
(a) 4月8日20时500 hPa高度场和风场

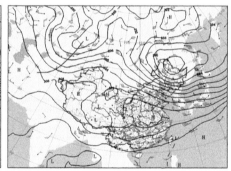
(b) 4月8日20时700 hPa高度场和风场

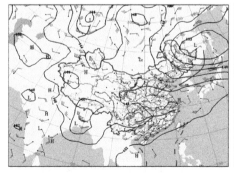
(c) 4月9日08时850 hPa高度场和风场

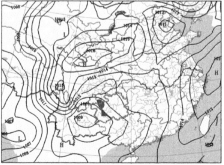
(d) 4月9日08时地面气压场

图 3.2　2016 年 4 月 8—9 日天气形势

(3)个例3:2016年11月12—14日(主要时段12日21时—13日07时,14日02—04时)

低空冷平流持续影响,静止锋锋生和北抬是本次大雾天气的主要原因。

中高空贝加尔湖以北为一深厚低涡系统(图3.3)。500 hPa西太平洋副高与印度洋副高相连并稳定维持,贵州主要受偏西气流影响,有高原小槽东移。700 hPa贵州主要受偏西南气流影响。850 hPa 11月11日20时贵州为西南气流,广西、湖南一带有西南急流形成,有利于水汽输送,重庆到贵州北部有低涡维持缓慢东移;12日08时贵州转为偏东风并持续到15日08时,西南急流持续到13日20时。温度场上青海、川东一带温度槽携带冷平流持续影响贵州,致使锋面系统持续存在。

地面图上,11月11日14时贵州北部到云南东部有切变形成,由于新疆冷高压经四川从西北路径影响贵州,切变系统于12日08时南压到贵州南部,并逐渐减弱,切变线附近贵州中部和西南部等地有大雾形成,并伴有降雨。12日下午,云南低压有所发展;12日23时,受新疆弱冷高压快速东移影响,贵州西南部切变系统锋生,处于锋后的贵州中西部出现了大范围大雾。13日白天到夜间,由于低压系统发展,静止锋被推到贵州中部,处于锋后的东部地区陆续有大雾出现。

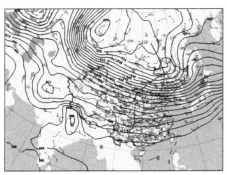
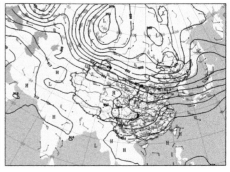

(a) 11月11日20时500 hPa高度场和风场　　　(b) 11月11日20时700 hPa高度场和风场

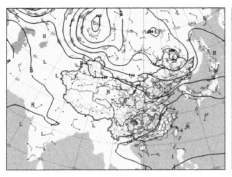
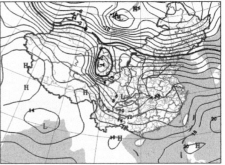

(c) 11月11日20时850 hPa高度场和风场　　　(d) 11月12日08时850 hPa温度场

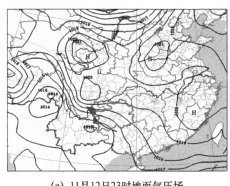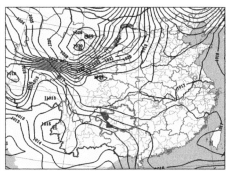

(e) 11月12日23时地面气压场　　　　　(f) 11月13日20时地面气压场

图 3.3　2016 年 11 月 11—13 日天气形势

(4)个例 4:2017 年 1 月 3—4 日(主要时段 3 日 03 时—4 日 07 时)

西南气流输送充沛的水汽,低空冷平流入侵,静止锋形成和东退造成了持续性大范围大雾天气。

在大雾形成之前、发展期及消散期整个过程中(1 月 2 日 08 时—4 日 20 时),500 hPa 环流形势没有太大变化,欧亚中高纬呈纬向环流形势,西风气流较平直,副热带高压在南海及以东洋面上空维持,孟加拉湾有深厚南支槽存在,贵州主要受南支槽前和副热带高压西北侧的西南气流影响。700 hPa 贵州也主要受偏南气流影响。850 hPa 在高空小槽带动下,温度槽携带冷平流于 1 月 2 日 08 时南下影响贵州(图3.4),冷平流入侵,加强了逆温层维持,为锋面大雾形成提供了稳定的层结条件。随后,2 日夜间到 3 日白天,随着小槽东移,影响贵州的东北风逐渐转为东南风,3日 20 时转为西南风,并且风力加大,致使逆温层被破坏,稳定层消失,云底抬升,大雾消散。

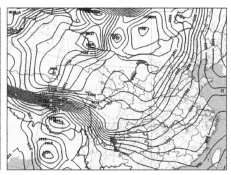

(a) 1月2日08时850 hPa风场　　　　　(b) 1月2日05时地面气压场

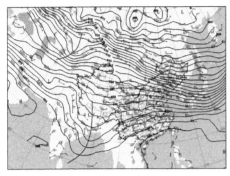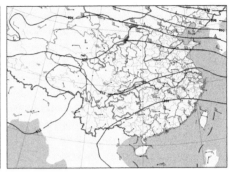

(c) 1月3日08时500 hPa高度场和风场　　　(d) 1月3日08时700 hPa高度场和风场

图3.4　2017年1月2—3日天气形势

　　地面天气图上,盘踞在蒙古国内的冷高压中心于1月2日夜间发生分裂形成东、西两个中心,东部冷高压中心逐渐东移南下,带动冷空气南下影响贵州,由于贵州高原地形阻挡作用,冷暖气团在云贵交界处形成静止锋,静止锋是锋面大雾形成的主要影响系统。3日14时—4日08时随着冷高压中心东移入海,南风势力增强,静止锋也随之东移北抬,并逐渐减弱。

(5)个例5:2017年3月9—12日(主要时段9日23时—10日08时,11日21时—12日09时)

　　低空西南气流输送充沛的水汽,静止锋北抬,是造成3月9日夜间大范围大雾形成的主要原因;静止锋系统东西摆动和长时间存在,导致大雾长时间持续;低空西南气流再次增强和静止锋维持,造成3月11日夜间大范围大雾天气。

　　此次大雾过程持续时间较长,从3月9日00时—13日08时持续有大雾出现,其中,9日23时—10日08时及11日21时—12日09时这两个时段内大雾范围较广。整个大雾期间,中高纬经向环流明显,500 hPa副热带高压主要位于南海以东洋面,强度较弱,贵州主要受偏西气流影响,陆续有高原槽东移;700 hPa贵州也主要受偏西气流影响(图3.5)。

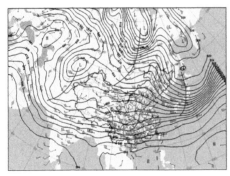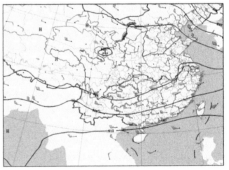

(a) 3月10日08时500 hPa高度场和风场　　　(b) 3月10日08时700 hPa高度场和风场

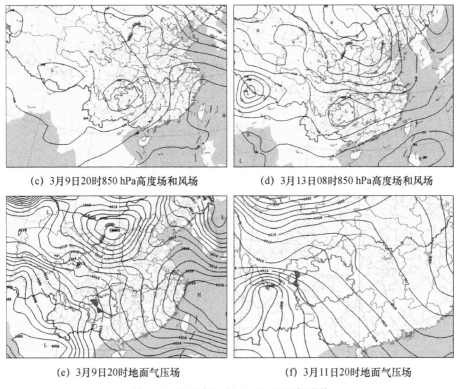

(c) 3月9日20时850 hPa高度场和风场　　　(d) 3月13日08时850 hPa高度场和风场

(e) 3月9日20时地面气压场　　　　　(f) 3月11日20时地面气压场

图 3.5　2017 年 3 月 9—13 日天气形势

　　大雾之前,850 hPa 3 月 8 日 20 时贵州受弱脊后部偏东气流影响。9 日白天华南一带南风增强形成西南急流,贵州转为西南风,有利于水汽输送;川东低涡形成,弱脊仍然存在,位于江浙一带。10 日 08 时川东低涡东移减弱,贵州转为偏东风,水汽输送减弱,在贵州南部到广西北部之间有切变形成,江浙一带弱脊维持。10 日 20时—11 日 08 时广西、广东南风减弱,贵州维持偏东风。11 日 20 时贵州转为偏南风,为大雾的发展提供了水汽输送条件。12 日白天,广东、广西一带南风增强;同时,位于蒙古国的高压系统也东南移动,高压底部形成一支较强的东风急流,湖南、江西一带为明显切变系统。

　　地面图上,3 月 6—8 日冷空气持续补充影响贵州,静止锋位于云南东部,9 日冷高压减弱东移,静止锋随之东退北抬到贵州中北部,伴随静止锋东退过程,贵州西部出现大雾,9 日夜间南风势力减弱,静止锋西伸南压(10 日 08 时到达贵州西部),由于水汽丰富,锋面云系发展,造成大雾范围扩大。10 日白天,南风增强、静止锋东退,10日夜间,南风减弱静止锋西伸;11 日白天,南风再次增强,静止锋有所减弱;11 日夜间,静止锋在贵州中西部发展增强,由于水汽充沛,再次造成大范围大雾;12 日白天到夜间,热低压发展,逐渐控制贵州大部地区,静止锋减弱,大雾天气也随之减弱。

3.1.2 层结特征

利用贵阳探空资料分析了大雾天气过程的层结特征,结果表明:锋面逆温发展变化和水汽状况对锋面大雾的形成、发展及消散有重要作用。一旦低层有冷空气入侵,锋面逆温将得以形成或增强发展,致使大气层结较为稳定,有利于水汽在低空聚集,同时,暖湿气流将沿锋面抬升,绝热上升,冷却凝结形成云系。锋面逆温增强和水汽充足,有利于云层发展增厚、云底下降,并在海拔较高山地形成地面大雾。随着逆温层减弱消失,云底抬升,锋面大雾也随之减弱消散。

(1)个例 1:2016 年 1 月 2 日(主要时段 2 日 04—10 时;贵阳 2 日 04—13 时)

在冷空气影响下,1 月 1 日 20 时锋面逆温在 800 hPa 高度附近维持,低层湿度较大,800 hPa 高度以下温度露点差为 0.1～0.9℃,云底到达 885 hPa 高度,2 日 08 时锋面逆温减弱。2 日 04—10 时是锋面大雾较强时段,06 时大雾范围达到最广,为 15 站点。贵阳大雾从 2 日 04 时持续到 13 时。锋面逆温于 3 日 08 时消失(图 3.6)。

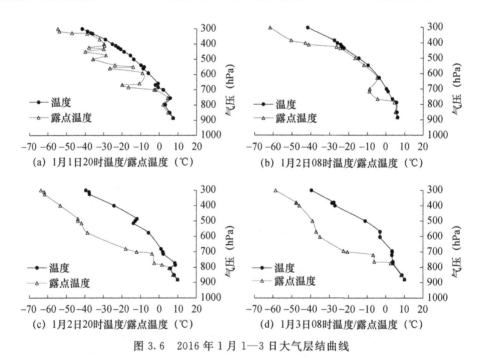

图 3.6 2016 年 1 月 1—3 日大气层结曲线

(2)个例 2:2016 年 4 月 9 日(主要时段 9 日 07 时;贵阳 9 日 06—11 时)

受热低压发展影响,位于云贵边界的静止锋出现东退北抬过程。4 月 8 日 20 时 800～700 hPa 高度有等温层出现,低层湿度较大,云底位于 850 hPa 高度附近,其温度露点差为 0.7℃。9 日 08 时等温层下降到 850 hPa 附近,云底也随之下移到达 874 hPa 高度,云层增厚,700 hPa 高度以下温度露点差为 0.3～0.6℃。9 日 07 时大雾范围达到最广,为 12 个站点。贵阳大雾从 9 日 06 时持续到 11 时。9 日 20 时等温层消失(图 3.7)。

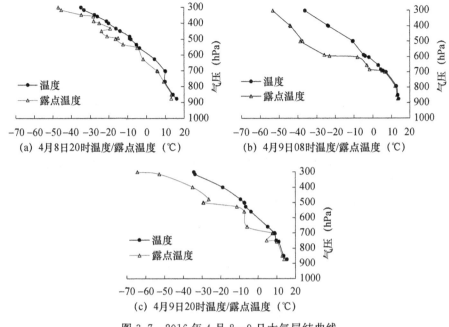

图 3.7　2016 年 4 月 8—9 日大气层结曲线

(3)个例 3:2016 年 11 月 12—14 日(主要时段 12 日 21 时—13 日 07 时,14 日 02—04 时;贵阳 12 日 17 时—13 日 06 时)

受冷空气补充影响,11 月 12 日 20 时 800 hPa 高度附近有浅层逆温出现,低层湿度较大,云层较厚,700 hPa 高度以下温度露点差为 0.3～1.6℃。13 日 08 时逆温层下降到 850 hPa 高度附近,云底维持在 880 hPa 高度附近,13 日 20 时逆温层维持(图 3.8);14 日白天逆温层抬升并且低层湿度减小,云底抬升。大范围大雾主要出现在 12 日 21 时—13 日 07 时和 14 日 02—04 时。贵阳大雾从 12 日 17 时持续到 13 日 06 时。

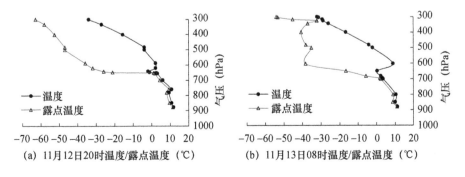

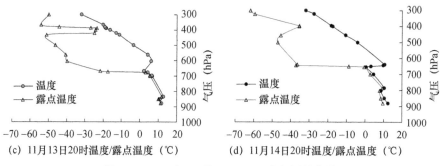

(c) 11月13日20时温度/露点温度（℃）　(d) 11月14日20时温度/露点温度（℃）

图3.8　2016年11月12—14日大气层结曲线

（4）个例4：2017年1月3—4日（主要时段3日03时—4日07时；贵阳3日03时—4日08时）

1月1日夜间，由于冷空气入侵，热低压快速填塞消失，锋面逆温有所加强；2日08时和20时，在850～600 hPa出现两个逆温层，逆温层底接近850 hPa，低层逆温区至850 hPa空气湿度较大，温度露点差为0.6～1.2℃，说明有低云形成，云底位于850 hPa高度，中层700～500 hPa空气湿度仍然较小；2日夜间至3日夜间，高湿度区域向下延伸；4日08时延伸至879 hPa高度，说明云底下移，中层700 hPa空气湿度逐渐增大，云层在增厚，这期间是近地面大雾最强盛阶段；随着低层风向由偏东风转为西南风，逆温层于3日20时—4日08时逐渐减弱消失（图3.9）。4日白天，云底又逐渐抬升至850 hpa高度，近地面大雾也趋于消散。

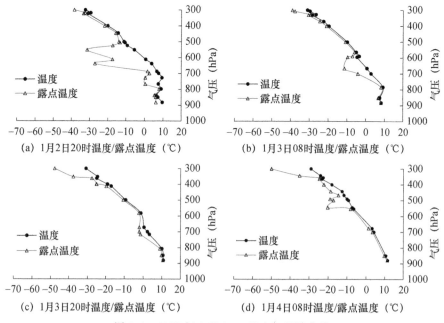

(a) 1月2日20时温度/露点温度（℃）　(b) 1月3日08时温度/露点温度（℃）

(c) 1月3日20时温度/露点温度（℃）　(d) 1月4日08时温度/露点温度（℃）

图3.9　2017年1月2—4日大气层结曲线

(5)个例 5:2017 年 3 月 9—12 日(主要时段 9 日 23 时—10 日 08 时,11 日 21 时—12 日 09;贵阳 9 日 22 时—10 日 07 时,11 日 20 时—12 日 12 时)

静止锋东西摆动造成的大范围大雾主要出现在 3 月 9 日 23 时—10 日 08 时及 11 日 21 时—12 日 09 时。9 日 20 时,浅层逆温位于 800 hPa 高度附近,低层湿度较大,800 hPa 高度以下温度露点差为 0.4~1℃,云底位于 871 hPa 高度。10 日 08 时逆温减弱,20 时在 700~800 hPa 又出现浅层逆温并持续到 12 日 20 时(图 3.10)。

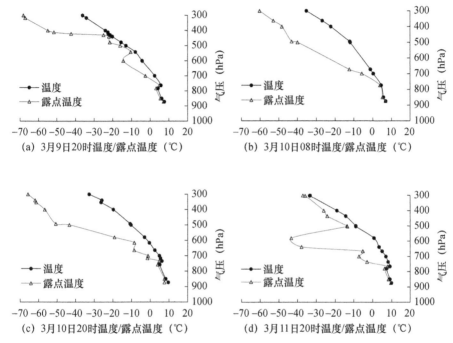

图 3.10　2017 年 3 月 9—11 日大气层结曲线

3.1.3　静止锋变化特征

锋面大雾形成发展与静止锋系统位置、变化状态密切相关。锋面系统存在和发展是锋面云系发展增强的基础,锋面云系增强、云底下降是近地面锋面大雾形成的主要原因。

(1)个例 1:2016 年 1 月 2 日(主要时段 04—10 时)

大雾主要是由静止锋后云系发展接地形成。大范围大雾形成前,静止锋位于云南省中东部,随着新一股冷空气于 1 月 1 日 08 时从西北路径影响贵州,处于静止锋后的贵州西部地区威宁、普安、晴隆、贞丰、关岭等县(市)产生大雾,并伴有降雨。冷空气东移速度较快,1 日 14 时静止锋东退到云南与贵州交界处(图 3.11);1 日夜间由于弱冷空气和西南气流交替影响,静止锋东西摆动,造成贵州中西部大范围大雾天气。

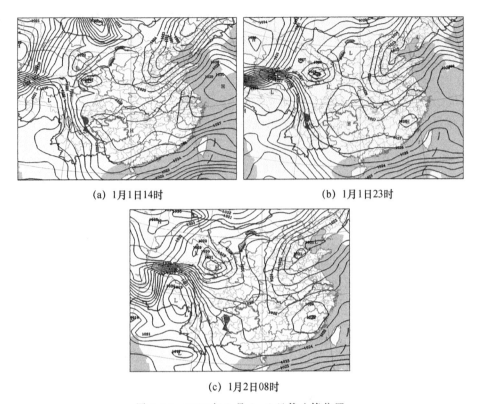

(a) 1月1日14时   (b) 1月1日23时

(c) 1月2日08时

图 3.11   2016 年 1 月 1—2 日静止锋位置

(2)个例 2:2016 年 4 月 9 日 07 时(主要时段 07 时)

静止锋东退北抬造成了本次大范围大雾天气。4 月 8 日 20 时,静止锋位于云贵边界(图 3.12),9 日 08 时,由于云南境内低压系统发展,静止锋被推回贵州中部地区,在锋面系统作用下,出现雨雾天气,9 日 07 时大雾范围达最广,为 12 个站,主要出现在静止锋经过的贵州中西部地区。

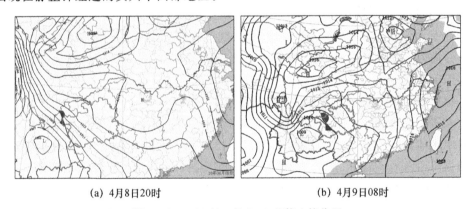

(a) 4月8日20时   (b) 4月9日08时

图 3.12   2016 年 4 月 8—9 日静止锋位置

(3)个例 3：2016 年 11 月 12—14 日(主要时段 12 日 21 时—13 日 07 时,14 日 02—04 时)

冷空气影响致使静止锋增强活跃,导致这次大雾天气发生。11 月 11 日 14 时在贵州北部到云南东部有切变形成,由于新疆冷高压经四川从西北路径影响贵州,切变系统于 11 日夜间南压到贵州南部,并逐渐减弱,切变线附近贵州中部和西南部等地有大雾形成,并伴有降雨。12 日下午,云南低压有所发展,12 日 20 时,受东北路径冷空气回流和新疆冷高压快速东移影响,贵州西南部切变系统锋生(图 3.13),处于锋后的贵州中西部出现了大范围大雾,21 时大雾范围达最广,为 12 个站,大范围大雾持续近 11 h。随后,由于低压系统发展,静止锋被推到贵州东北部,并长时间维持,处于锋后的东部地区陆续有大雾出现。

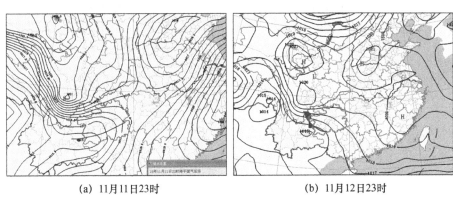

(a) 11月11日23时   (b) 11月12日23时

图 3.13 2016 年 11 月 11—12 日静止锋位置

(4)个例 4：2017 年 1 月 3—4 日(主要时段 3 日 03 时—4 日 07 时)

此次大范围大雾过程前期的大雾主要是由静止锋后云系发展接地形成,后期的大雾主要是静止锋东退过程中冷暖气流交汇产生。1 月 1 日夜间受冷空气影响,静止锋在贵州西部边缘地区形成,并持续存在,近地面盛行偏东风。2 日夜间至 3 日上午,由于静止锋云系发展,处于静止锋后海拔相对较高的贵州中西部地区出现锋面大雾。3 日下午到夜间,随着冷空气减弱东移,西南气流开始增强发展,静止锋被推到贵州中北部(图 3.14)。静止锋在东移北抬过程中,西南暖湿气流经过冷平流区域,空气中水汽因冷却凝结产生大雾。4 日 09 时之后,在西南暖气流作用下,近地面气温升高,空气湿度随之减小,同时,静止锋减弱,锋面逆温层消散、云底抬升,大范围大雾天气随之结束。

(5)个例 5：2017 年 3 月 9—12 日(主要时段 9 日 23 时—10 日 08 时,11 日 21 时—12 日 09 时)

静止锋东西摆动是这次大范围大雾形成的主要原因。3 月 6—8 日冷空气持续补充影响贵州,静止锋位于云南东部,8 日贵州中东部受冷高压控制,9 日冷高压减弱东移,静止锋随之东退北抬到贵州中北部(图 3.15),傍晚起大雾范围逐渐扩大,23

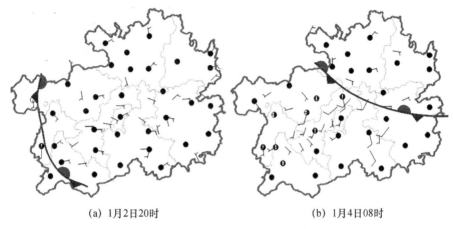

(a) 1月2日20时　　　　　　　　　(b) 1月4日08时

图 3.14　2017 年 1 月 2—4 日静止锋位置

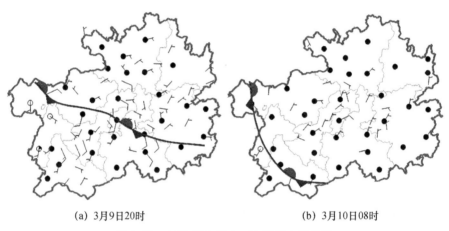

(a) 3月9日20时　　　　　　　　　(b) 3月10日08时

图 3.15　2017 年 3 月 9—10 日静止锋位置

时有 11 个站出现大雾;9 日夜间随着静止锋再次西伸南压,大雾范围进一步扩大。10 日 01—02 时达到最广,为 15 个站;随后,大雾范围迅速减小。10 日白天南风增强,静止锋东退,夜间南风减弱静止锋西伸,11 日白天南风再次增强,热低压发展,11 日夜间静止锋在贵州中西部持续活跃,再次造成大范围大雾,12 日 03—05 时持续出现 21 站的大雾。

3.1.4　水汽输送条件

低空充沛的水汽是低云发展下沉并导致锋面大雾形成的必要条件。在多数情况下低空水汽来源于南海海面,有时也来源于东海海面。当 850 hPa 比湿大于 6 g/kg 并处于水汽辐合带时,有利于大范围锋面大雾形成。

(1)个例 1:2016 年 1 月 2 日(主要时段 2 日 04—10 时)

850 hPa 高度上,1 月 1 日白天偏南气流将南海水汽向北输送,贵州比湿大于 6 g/kg,水汽通量大于 2×10^{-7} g/(s·cm·hPa),同时贵州大部处于水汽辐合地带,有利于大范围大雾形成。2 日白天,由于南风增强,水汽辐合带向北移出贵州(图 3.16),低云发展受到影响。

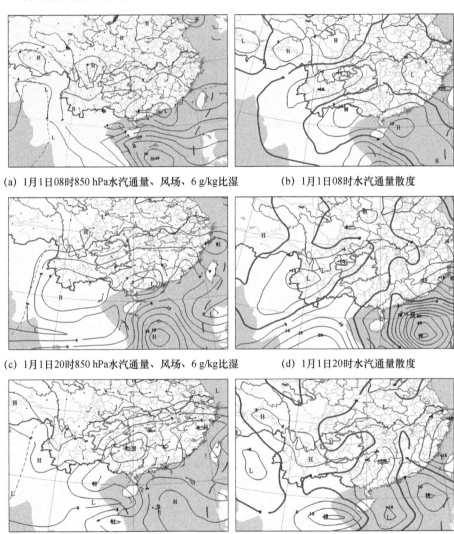

(a) 1月1日08时850 hPa水汽通量、风场、6 g/kg比湿　　(b) 1月1日08时水汽通量散度

(c) 1月1日20时850 hPa水汽通量、风场、6 g/kg比湿　　(d) 1月1日20时水汽通量散度

(e) 1月2日08时850 hPa水汽通量、风场、6 g/kg比湿　　(f) 1月2日08时水汽通量散度

图 3.16　2016 年 1 月 1—2 日水汽条件

(2)个例 2:2016 年 4 月 9 日(主要时段 9 日 07 时)

850 hPa 高度上,贵州水汽来源于两个方向,一是切变北侧的偏东气流将东海水汽向西输送到达贵州,二是偏南气流带来的南海水汽。4 月 8 日 20 时贵州比湿为

10～13 g/kg,水汽通量大于 4×10^{-7} g/(s·cm·hPa),同时贵州大部处于水汽辐合地带,有利于大范围大雾形成。水汽在贵州辐合持续到 9 日 20 时(图 3.17)。

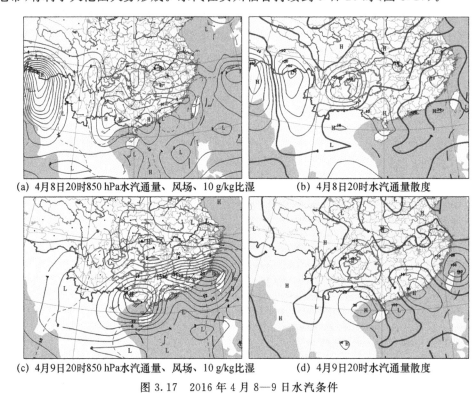

(a) 4月8日20时850 hPa水汽通量、风场、10 g/kg比湿　　(b) 4月8日20时水汽通量散度

(c) 4月9日20时850 hPa水汽通量、风场、10 g/kg比湿　　(d) 4月9日20时水汽通量散度

图 3.17　2016 年 4 月 8—9 日水汽条件

(3)个例 3:2016 年 11 月 12—14 日(主要时段 12 日 21 时—13 日 07 时,14 日 02—04 时)

850 hPa 高度上,偏南气流将南海水汽向北输送,抵达贵州、湖南等地。11 月 11 日 20 时贵州比湿大于 7 g/kg,水汽通量为 $4\times10^{-7}\sim12\times10^{-7}$ g/(s·cm·hPa),贵州大部处于水汽辐合地带(图 3.18)。14 日由于高压脊影响,北风势力增强,水汽通量强度减弱。整个大雾期间,贵州都处于水汽辐合地带,强度时强时弱。

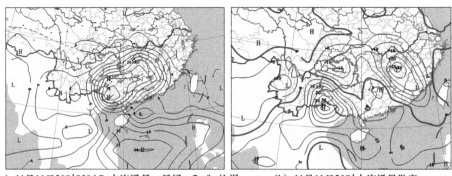

(a) 11月11日20时850 hPa水汽通量、风场、7 kg/kg比湿　　(b) 11月11日20时水汽通量散度

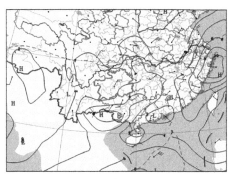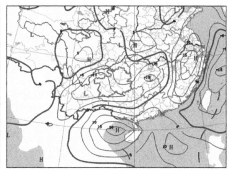

(c) 11月14日20时850 hPa水汽通量、风场、7 g/kg比湿　　(d) 11月14日20时水汽通量散度

图 3.18　2016 年 11 月 11—14 日水汽条件

(4)个例 4:2017 年 1 月 3—4 日(主要时段 3 日 03 时—4 日 07 时)

850 hPa 高度上,偏南气流将南海水汽向北输送,1月1日20时水汽在贵州北部及湖南等地辐合(图 3.19),水汽通量散度负值中心位于湖南东部,中心强度达 -16×10^{-7} g/(s•cm^2•hPa);1日夜间到2日白天,由于冷空气南下影响,低空水汽通量受到阻挡,强度减弱,但贵州仍然处于水汽辐合地带。丰富的水汽输送和辐合是低云形成、发展、增厚并导致近地面大雾生成的重要条件。2日夜间大雾迅速发

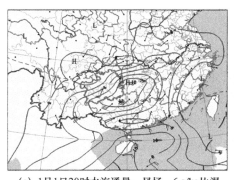

(a) 1月1日20时水汽通量、风场、6 g/kg比湿　　(b) 1月1日20时水汽通量散度

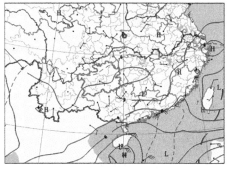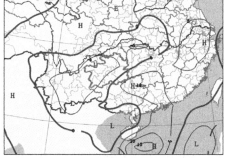

(c) 1月2日20时水汽通量、风场、6 g/kg比湿　　(d) 1月2日20时水汽通量散度

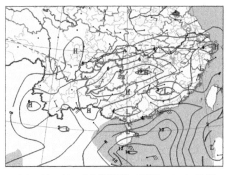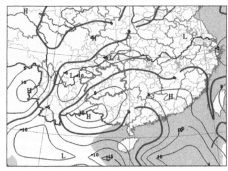

(c) 1月3日20时水汽通量、风场、6 g/kg比湿　　　(d) 1月3日20时水汽通量散度

图 3.19　2017 年 1 月 1—3 日水汽条件

展,此时,贵州维持较弱的水汽通量和辐合。3 日白天到夜间,随着冷空气势力减弱、南风增强,来自南海的水汽通量又得以加强发展,但水汽辐合中心向北推进,贵州逐渐处于水汽辐散地带,限制了低云发展,4 日 08 时后近地面大雾也逐渐减弱消散。大雾期间贵州大部地区 850 hPa 比湿维持在 7～9 g/kg,相对湿度维持在 90% 以上,有利于低云的形成和维持。

(5)个例 5:2017 年 3 月 9—12 日(主要时段 9 日 23 时—10 日 08 时,11 日 21 时—12 日 09 时)

850 hPa 高度上,水汽来源于南海。3 月 9 日 20 时贵州比湿大于 6 g/kg,水汽通量为 $2\times10^{-7}\sim6\times10^{-7}$ g/(s・cm・hPa),贵州处于水汽辐合地带,水汽充沛,致使 9 日夜间大范围大雾出现。10 白天受脊后切变系统北侧偏北气流影响,水汽输送减弱。11 日 20 时由于高压系统东移,贵州转受偏南气流影响,水汽通量再次增强,比湿达 7～9 g/kg,水汽辐合明显(图 3.20),导致 11 日夜间再次出现大范围大雾天气,大雾范围比 9 日夜间更广。

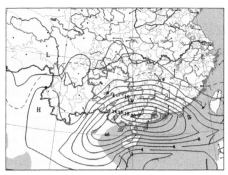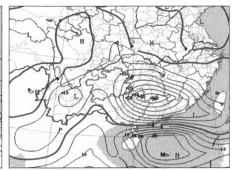

(a) 3月9日20时水汽通量、风场、6 g/kg比湿　　　(b) 3月9日20时水汽通量散度

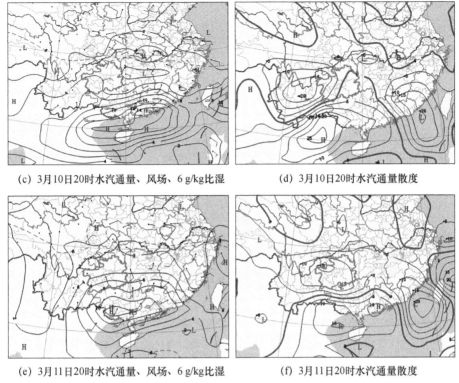

(c) 3月10日20时水汽通量、风场、6 g/kg比湿　　(d) 3月10日20时水汽通量散度

(e) 3月11日20时水汽通量、风场、6 g/kg比湿　　(f) 3月11日20时水汽通量散度

图 3.20　2017 年 3 月 9—11 日水汽条件

3.1.5　动力条件

低层气流辐合和中层气流辐散作用有利于低云发展增厚,进而促进云底下降接地形成地面大雾。

(1)个例 1:2016 年 1 月 2 日(主要时段 2 日 04—10 时)

大范围大雾形成前,1 月 1 日 08 时 850 hPa 贵州区域涡度为正、散度为负、垂直速度为负(图 3.21),700 hPa 涡度北部为正、南部为负,散度北部为正、南部为负,垂直速度为负,说明中低层大气主要为辐合上升运动,云层在发展。20 时 850 hPa 贵州区域涡度为正、散度部分区域为负、垂直速度为正,700 hPa 涡度北部为正南部为负、散度为正、垂直速度为正,反映了中低层大气主要处于辐散下沉状态,低云的下沉有利于近地面大雾形成。

(2)个例 2:2016 年 4 月 9 日(主要时段 9 日 07 时)

大范围大雾前,4 月 8 日 20 时 850 hPa 贵州区域内涡度为正、散度为负、垂直速度大部为负,700 hPa 涡度为正、散度为正、垂直速度东部为正(图 3.22),说明低层大气为辐合上升,中层有辐散下沉气流。低层气流辐合上升、中层气流辐散下沉,促进了低云发展增厚,进而造成云底接地形成大雾。

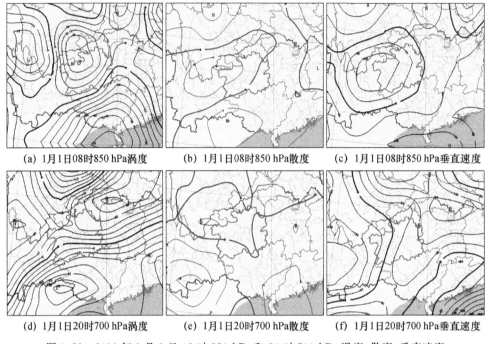

(a) 1月1日08时850 hPa涡度　　(b) 1月1日08时850 hPa散度　　(c) 1月1日08时850 hPa垂直速度

(d) 1月1日20时700 hPa涡度　　(e) 1月1日20时700 hPa散度　　(f) 1月1日20时700 hPa垂直速度

图 3.21　2016 年 1 月 1 日 08 时 850 hPa 和 20 时 700 hPa 涡度、散度、垂直速度

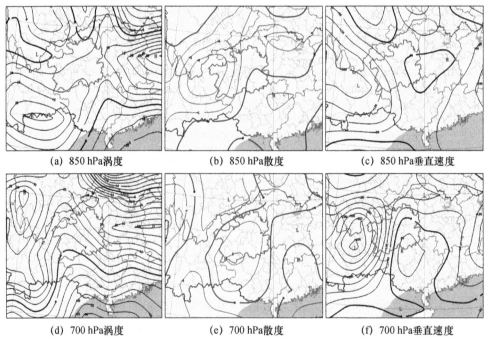

(a) 850 hPa涡度　　(b) 850 hPa散度　　(c) 850 hPa垂直速度

(d) 700 hPa涡度　　(e) 700 hPa散度　　(f) 700 hPa垂直速度

图 3.22　2016 年 4 月 8 日 20 时 850 hPa 和 700 hPa 涡度、散度、垂直速度

(3)个例 3:2016 年 11 月 12—14 日(主要时段 12 日 21 时—13 日 07 时,14 日 02—04 时)

大范围大雾形成前,11 月 12 日 20 时 850 hPa 贵州区域内为较强的正涡度、负散度、负垂直速度,700 hPa 为较强的正涡度、正散度、负垂直速度(图 3.23),反映了低层大气辐合上升强烈,中层较强的正散度削弱了气流的向上伸展,云层在低空发展较强。

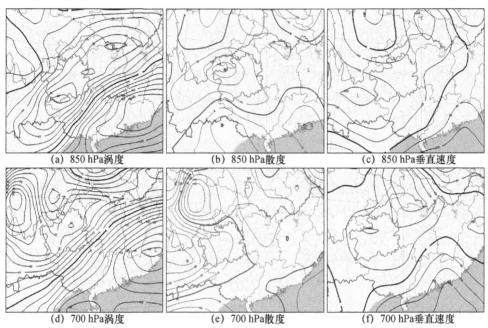

(a) 850 hPa涡度　　(b) 850 hPa散度　　(c) 850 hPa垂直速度
(d) 700 hPa涡度　　(e) 700 hPa散度　　(f) 700 hPa垂直速度
图 3.23　2016 年 11 月 12 日 20 时 850 hPa 和 700 hPa 涡度、散度、垂直速度

(4)个例 4:2017 年 1 月 3—4 日(主要时段 3 日 03 时—4 日 07 时)

大雾前期(1 月 2 日 20 时—3 日 08 时),贵州低层 850 hPa 表现为正涡度、弱负散度、负垂直速度,中层 700 hPa 为负涡度、弱正散度、正垂直速度(图 3.24),反映了低层有辐合上升气流,中层有辐散下沉气流。低层气流辐合上升有利于低云发展加强,中层气流辐散下沉又阻碍了低云向上伸展,因此有利于云底下降接地形成地面大雾。大雾后期(3 日 20 时—4 日 08 时),随着南风增强,贵州低层 850 hPa 转为正散度区,中层 700 hPa 涡度逐渐转为正值、垂直速度逐渐转为负值,反映了云层向中高层发展,低云发展逐渐减弱,因而不利于地面大雾长时间维持。

(5)个例 5:2017 年 3 月 9—12 日(主要时段 9 日 23 时—10 日 08 时,11 日 21 时—12 日 09 时)

此个例中低层大气与个例 3 具有相同的动力特征。大范围大雾形成前,3 月 9 日 20 时 850 hPa 贵州区域内为较强的正涡度、负散度、负垂直速度,700 hPa 为较强的正涡度、正散度、负垂直速度(图 3.25),反映了低层大气辐合上升强烈,中层较强的正散度削弱了气流向上伸展,云层在低空发展较强。

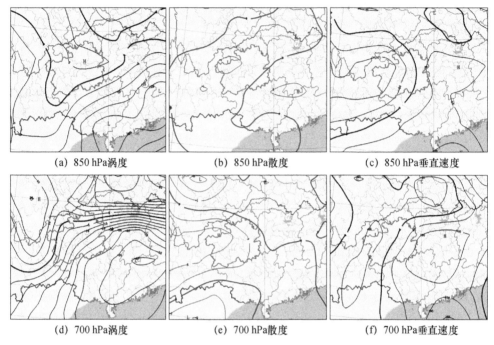

(a) 850 hPa涡度　　　　　　(b) 850 hPa散度　　　　　　(c) 850 hPa垂直速度

(d) 700 hPa涡度　　　　　　(e) 700 hPa散度　　　　　　(f) 700 hPa垂直速度

图 3.24　2017 年 1 月 2 日 20 时 850 hPa 和 700 hPa 涡度、散度、垂直速度

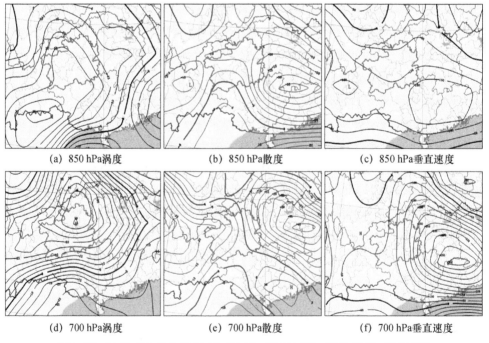

(a) 850 hPa涡度　　　　　　(b) 850 hPa散度　　　　　　(c) 850 hPa垂直速度

(d) 700 hPa涡度　　　　　　(e) 700 hPa散度　　　　　　(f) 700 hPa垂直速度

图 3.25　2017 年 3 月 9 日 20 时 850 hPa 和 700 hPa 涡度、散度、垂直速度

3.1.6　锋面大雾天气学概念模型

通过 5 次典型个例分析,总结了锋面大雾天气学概念模型(图 3.26)。

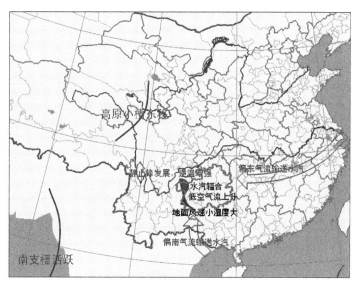

图 3.26　锋面大雾天气概念模型

如图 3.26 所示,高原小槽东移或南支槽活跃,低空为偏南气流将南海水汽(有时为偏东气流将东海水汽)向贵州等地输送,静止锋云系发展和锋面系统东西摆动。贵州上空为水汽辐合区;锋面逆温增强;大雾之前低层气流辐合上升,中层气流辐散下沉。大雾期间地面风速较小,10 min 平均风速为 0～3 m/s,相对湿度较大,一般为97%～100%;气温变化小。

3.1.7　海拔高度与锋面大雾的相关性

以 2017 年 3 月 9—12 日大雾天气过程为例,利用自动气象站和交通气象站逐分钟能见度观测资料,分析海拔高度与锋面大雾的相关性。

由于设备维护和管理权限等原因,能够获取到此次大雾天气的交通气象站观测资料仅有 25 个站点(图 3.27)。针对出现大雾的气象站点,筛选了距离相对较近(约10 km 以内)的 6 个交通气象站为分析对象(表 3.1)。

表 3.1　2017 年 3 月 9—12 日大雾过程气象站与交通气象站相关信息

气象站		交通气象站		气象站与交通气象站间距(km)	气象站与交通气象站海拔高度差(m)
站名	海拔(m)	站名	海拔(m)		
万山	884	老山口	658	8	226
白云	1323	曹关	1272	5	51

续表

气象站		交通气象站		气象站与交通气象站间距(km)	气象站与交通气象站海拔高度差(m)
站名	海拔(m)	站名	海拔(m)		
龙里	1093	贾托坡	1314	10	−221
普安	1649	狮子山	1596	5	53
盘州	1800	红果西	1855	10	−55
兴仁	1378	团坡	1393	7	−15

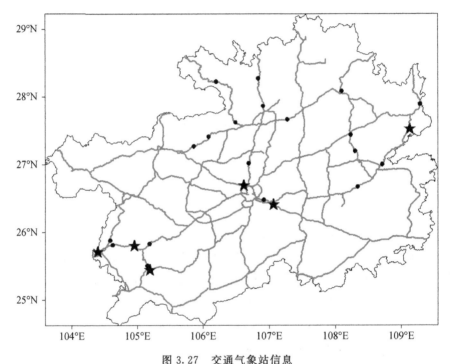

图 3.27　交通气象站信息

(·为交通气象站,★为距邻近气象站较近的交通气象站)

此次大雾过程导致贵州境内沪昆、兰海、杭瑞、惠兴等高速公路出现持续性大雾天气。这是一次锋面大雾天气过程,大雾持续时间较长,从 3 月 9 日 00 时—13 日 08 时持续有大雾出现,其中,9 日 23 时—10 日 08 时及 11 日 21 时—12 日 09 时这两个时段内大雾范围较广,10 日 06 时和 12 日 04 时大雾分别达 17 站和 22 站(包括气象站和交通气象站)(图 3.28)。

对比气象站与交通气象站能见度发现,锋面系统影响下相邻区域内海拔高度与能见度具有反相关性,海拔相对较高处能见度较低,大雾现象严重,大雾起始时间较早、持续时间较长。3 月 8 日夜间伴随静止锋从云南东部向贵州东退过程,贵州西部高海拔地区出现大雾。盘州气象站和红果西交通气象站位于贵州西部,海拔在

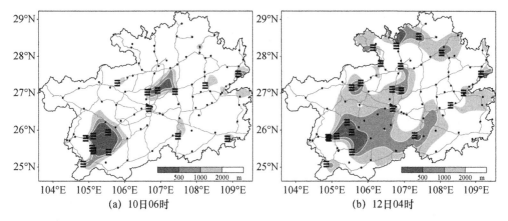

图 3.28　2017 年 3 月 10 日 06 时和 12 日 04 时大雾分布

(≡为大雾站点，阴影为能见度，单位：m)

1800 m 以上，红果西交通气象站海拔比盘州气象站高 55 m。监测资料显示红果西交通气象站于 9 日 00：40—04：40 之间断断续续出现大雾，盘州气象站由于海拔相对较低，因此能见度相对较好，仅在 9 日 03 时 55 分出现大雾（图 3.29）。

3 月 9 日夜间随着静止锋从贵州中北部移向西南部，导致海拔相对较高地区出现大雾天气。兴仁气象站、团坡交通气象站位于贵州西部，海拔在 1300 m 以上，团坡交通气象站比兴仁气象站海拔高，大雾于 10 日 04 时 40 分产生，比兴仁气象站早 1 h，大雾持续时间也相对较长，结束于 10 日 09 时 10 分，比兴仁气象站晚 50 min。万山气象站和老山口交通气象站位于贵州东部，老山口交通气象站海拔 658 m，比万山气象站低 226 m，大雾主要发生在 10 日 00 时 45 分—04 时 25 分；万山气象站由于海拔相对较高，大雾天气严重，大雾持续时间较长，从 9 日 22 时 40 分起持续约 18 h。龙里气象站和贾托坡交通气象站位于贵州中部，贾托坡交通气象站海拔 1314 m，比龙里气象站高 221 m，贾托坡交通气象站于 01 时 05 分—01 时 50 分出现大雾，龙里气象站未出现大雾。

3 月 11 日夜间由于静止锋再次增强发展，造成贵州多地出现大雾天气。普安气象站和狮子山交通气象站位于贵州西部，海拔在 1600 m 上下，狮子山交通气象站海拔比普安气象站低 53 m，大雾现象相对较轻，呈现断断续续状态，持续时间较短；普安气象站大雾天气严重，大雾于 11 日 19 时 15 分产生，至 12 日 08 时 55 分消散，持续近 14 h。白云气象站和曹关交通气象站位于贵州中部，海拔在 1300 m 上下，曹关交通气象站海拔较白云气象站低 51 m，能见度较好，没有出现大雾，白云气象站能见度相对较差，在 1000 m 上下，并于 12 日 00 时 25 分出现短时大雾。

总之，在锋面天气系统影响下，相邻区域内海拔较高处能见度较低，大雾现象严重、持续时间较长。一般说来，贵州锋面大雾与静止锋云系发展有直接关系，静止锋云系发展增厚，造成云底下降，并在海拔相对较高的山地接地形成地面大雾。由于贵州以山地为主的地形特点,致使高速公路多修建于半山之间,相对于行政县区来说,大多数高速公路海拔相对较高,因此,在锋面天气系统影响下,高速公路比居民区更容易发生大雾。

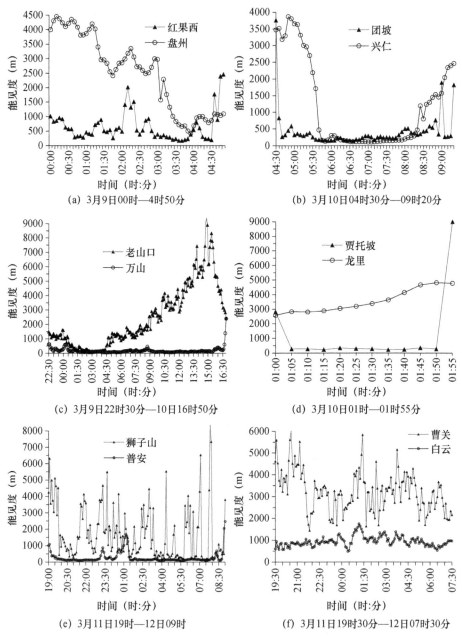

图 3.29　2017 年 3 月 9—12 日大雾过程气象站与交通气象站能见度对比

3.2　辐射大雾天气分析

通过 4 次典型个例分析,总结归纳了辐射大雾天气环流形势、大气层结特征、水汽输送和动力条件,建立辐射大雾天气学概念模型,揭示辐射大雾形成机理。

辐射大雾一般出现在阴雨天气过后晴朗少云的夜间。秋、冬、春季高空受强盛西北气流影响,中低空为高压脊影响,温度场上存在冷舌,地面受冷高压控制;夏季高空为槽后高压脊影响,中低空为切变系统后弱高压影响,并有弱冷平流入侵,地面为均压场形势;低空冷平流影响加上夜间辐射降温作用有利于大雾天气形成。与锋面大雾天气不同,辐射大雾由于地面辐射降温致使近地层逆温区形成或逆温增强,使近地面大气处于较稳定状态,水汽聚集在近地面,由近地面水汽凝结形成大雾;近地层空气微弱扰动是辐射大雾形成和发展的动力条件。

3.2.1　环流形势

秋、冬、春季辐射大雾环流形势主要表现为:贵州高空为强盛西北气流影响,中低空为高压脊影响,温度场上存在冷舌,地面受冷高压控制,天气由阴雨转为晴天。雨后近地面空气湿度大,低空冷平流影响加上夜间晴空辐射降温作用,造成大范围大雾天气。夏季辐射大雾环流形势主要表现为:高空为槽后高压脊影响,中低空为切变系统后弱高压影响,并有弱冷平流入侵,地面为均压形势场,天气为雨止转晴过程中。

(1)个例 1:2016 年 2 月 27 日 05—09 时

大范围辐射大雾前,2 月 26 日 20 时 500 hPa 和 700 hPa 欧亚中高纬大气环流为两槽一脊形势,俄罗斯西部为强盛的高压脊控制,中国长江以北大部地区受西北气流影响,贵州也为西北气流影响;850 hPa 贵州为弱高压脊控制,温度场上为冷舌影响;地面冷高压将静止锋推到云南中西部地区,贵州受冷高压控制,天气晴朗(图3.30)。低空冷平流影响加上夜间晴空辐射降温作用造成大范围辐射大雾天气。

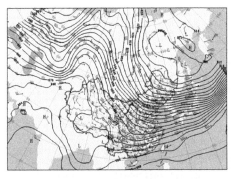
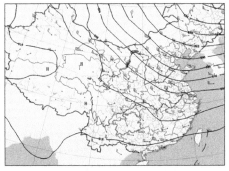

(a) 2 月 26 日 20 时 500 hPa 高度场和风场　　　　(b) 2 月 26 日 20 时 700 hPa 高度场和风场

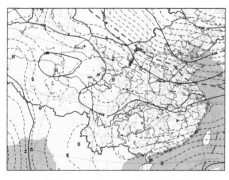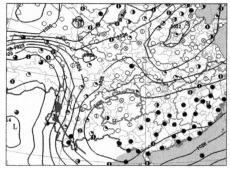

(c) 2月26日20时850 hPa高度场和温度场   (d) 2月26日20时地面气压和天气状况

图 3.30   2016 年 2 月 26 日天气形势

(2)个例 2:2016 年 11 月 11 日 03—09 时

11 月 10 日 20 时,500 hPa 欧亚中高纬大气环流为一脊一槽形势,高压脊位于黑海以北区域,俄罗斯西部到中国长江一带为强盛的西北气流;700 hPa 贵州受弱脊影响;850 hPa 贵州为弱高压脊控制,温度场上为冷舌影响;地面冷高压将静止锋推到云南中西部地区,贵州受冷高压控制,天气晴朗(图 3.31)。低空冷平流影响加上夜间晴空辐射降温作用造成大范围辐射大雾天气。

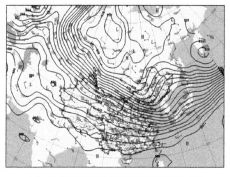

(a) 11月10日20时500 hPa高度场和风场   (b) 11月10日20时700 hPa高度场和风场

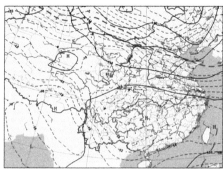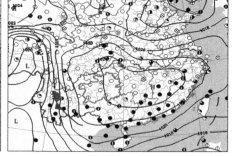

(c) 11月10日20时850 hPa高度场和温度场   (d) 11月10日20时地面气压和天气状况

图 3.31   2016 年 11 月 10 日天气形势

(3)个例 3:2016 年 11 月 27 日 04—09 时

11 月 26 日 20 时,500 hPa 亚洲中纬度为两槽一脊形势,高压脊位于华西北到蒙古国一带,贵州为西北气流影响;700 hPa 和 850 hPa 贵州均受高压脊影响,温度场上存在明显冷舌;地面冷高压将静止锋推到云南中西部地区,贵州受冷高压控制,天气晴朗(图 3.32)。低空冷平流影响加上夜间晴空辐射降温作用造成大范围辐射大雾天气。

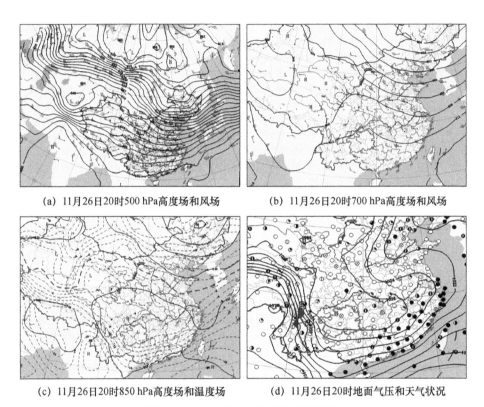

(a) 11月26日20时500 hPa高度场和风场 　　　(b) 11月26日20时700 hPa高度场和风场

(c) 11月26日20时850 hPa高度场和温度场 　　　(d) 11月26日20时地面气压和天气状况

图 3.32　2016 年 11 月 26 日天气形势

(4)个例 4:2017 年 7 月 1 日 07 时

6 月 30 日 20 时,欧亚中高纬为两槽一脊形势,高压脊位于俄罗斯东部,贵州受高空槽后西北气流影响;700 hPa 贵州处于西南气流与高压脊底部的东北气流交界,受切变系统影响;850 hPa 贵州受切变系统后的弱高压影响,温度场上有弱冷舌存在;地面上贵州处于均压形势场(图 3.33),天气阴天有雨(08 时除南部边缘有降雨外,大部地区转为阴到多云)。低空冷平流影响加上夜间辐射降温作用造成辐射大雾天气。

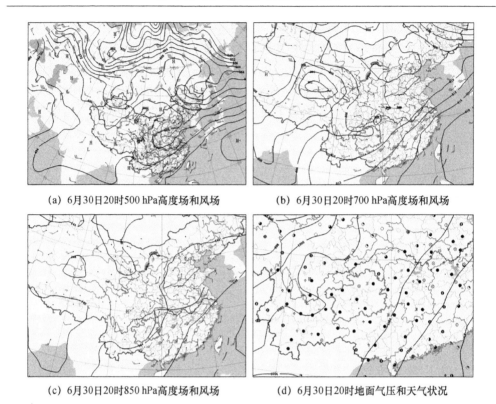

(a) 6月30日20时500 hPa高度场和风场　　　(b) 6月30日20时700 hPa高度场和风场

(c) 6月30日20时850 hPa高度场和风场　　　(d) 6月30日20时地面气压和天气状况

图3.33　2017年6月30日天气形势

3.2.2　层结特征

贵阳站探空资料分析表明:大雾形成前低空有逆温层存在,有利于水汽聚集,由于近地面夜间辐射降温作用,促进了逆温层增厚,同时,辐射冷却作用致使水汽凝结形成雾。日出后,随着近地面气温迅速上升,逆温层被破坏,空气湿度减小,大雾迅速消散。

(1)个例1:2016年2月27日05—09时

2月26日受冷高压控制,贵州天气转晴,26日夜间由于辐射降温影响,贵州中东部出现大范围大雾天气,08时大雾范围达最广,为15个站。26日20时贵阳探空图上(图3.34),700~800 hPa高度有浅层逆温存在,总体上,整层大气较干燥,27日08时,800 hPa高度之下出现深厚逆温区,近地面空气湿度较大,886 hPa高度温度露点差为0.6℃。10时之后,随着气温上升,稳定层结被破坏,大雾迅速消散。

(2)个例2:2016年11月11日03—09时

11月10日受冷高压控制,贵州大部地区天气由阴雨转为晴天。11日夜间在辐射降温作用下,大范围大雾迅速产生,07时大雾范围达最广,为20个站;10—11时由于气温迅速上升,大雾很快消散。10日20时在700~800 hPa高度有逆温区域存在,从底层到高层大气基本都很干燥,11日08时逆温区域向下伸展增厚(图3.35),

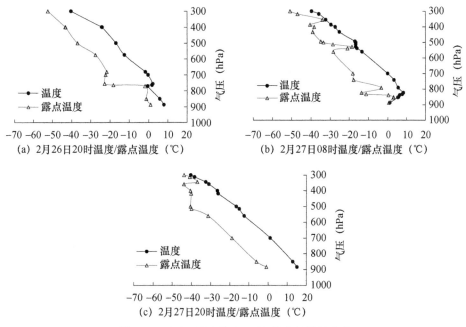

(a) 2月26日20时温度/露点温度（℃）　　　(b) 2月27日08时温度/露点温度（℃）

(c) 2月27日20时温度/露点温度（℃）

图 3.34　2016 年 2 月 26—27 日大气层结曲线

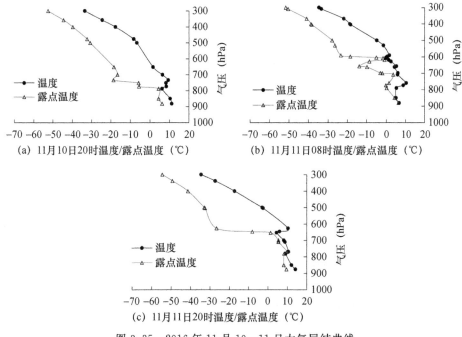

(a) 11月10日20时温度/露点温度（℃）　　　(b) 11月11日08时温度/露点温度（℃）

(c) 11月11日20时温度/露点温度（℃）

图 3.35　2016 年 11 月 10—11 日大气层结曲线

近地层湿度增大,湿层增厚,850~881 hPa温度露点差为0.3~0.8℃,有利于大雾形成。

(3)个例3:2016年11月27日04—09时

11月26日下午由于冷高压控制,贵州大部地区转为晴天,26日夜间受辐射降温影响,贵州中东部和北部出现大范围辐射大雾天气,27日07—08时范围最广,达16个站;大雾于11时后逐步消散。26日20时,800 hPa高度附近有浅层逆温存在,从底层到高层大气基本都很干燥,27日08时,800 hPa高度以下表现为深厚逆温区(图3.36),近地面空气湿度增大,883 hPa高度处温度露点差为0.4℃。

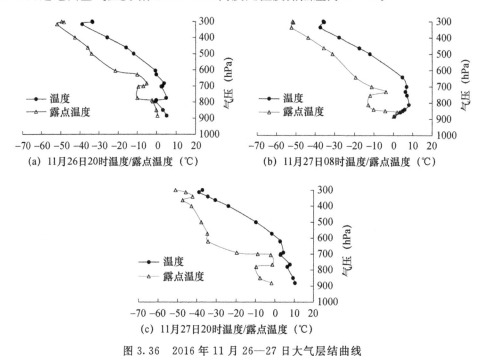

(a) 11月26日20时温度/露点温度（℃）

(b) 11月27日08时温度/露点温度（℃）

(c) 11月27日20时温度/露点温度（℃）

图3.36 2016年11月26—27日大气层结曲线

(4)个例4:2017年7月1日07时

大雾天气的前日贵州大部地区出现了强降雨天气,6月30日夜间降雨减弱,但水汽充沛,空气湿度大,30日20时500 hPa高度以下温度露点差为0~0.8℃,伴随夜间辐射降温以及低空冷平流入侵,导致大范围大雾产生,7月1日07时有13个站出现大雾,08时850 hPa高度之下有浅层逆温出现(图3.37)。7月1日白天贵州大部地区转为多云天气,但是仍然维持较大湿度,夜间随着气温下降,再次出现较大范围大雾天气,2日08时800 hPa高度附近又出现浅层逆温。

3.2.3 水汽条件

辐射大雾的水汽条件主要取决于近地面大气中水汽含量,一般来说,降雨过后

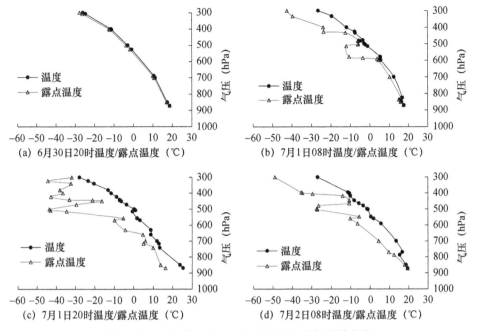

图 3.37　2017 年 6 月 30 日—7 月 2 日大气层结曲线

空气中水汽含量较大,在降温作用下空气中水汽容易达到饱和,从而有利于大雾形成。分析表明:大雾之前空气相对湿度大于 70%、比湿大于 6 g/kg,大雾时空气相对湿度大于 96%,比湿有所下降。

(1)2016 年 2 月 27 日大雾个例:2 月 26 日白天贵州大部地区雨止转多云到晴天,降雨过后空气中仍有较大水汽含量,20 时贵州大部地区空气相对湿度为 60%～80%(中东部地区为 70%～80%),比湿为 7～8 g/kg;随着夜间辐射降温作用,近地层形成逆温区,同时,空气中水汽达到饱和凝结逐渐形成大雾;27 日 08 时大雾范围达最广,为 15 个站,此时相对湿度大部地区达 90% 以上,其中,大雾区域的中东部地区空气相对湿度为 96%～100%;伴随大雾的形成过程,比湿随之减小,27 日 07 时大部地区比湿降为 5 g/kg 左右(图 3.38)。

(2)2016 年 11 月 11 日大雾个例:11 月 10 日贵州大部地区逐渐由阴雨转为晴天,10 日 20 时大部地区空气相对湿度为 80%～90%,比湿为 7～10 g/kg,空气中水汽较大。随着夜间辐射降温和近地层逆温区的形成,空气中水汽迅速达到饱和凝结形成大范围大雾;11 日 03 时 15 个站出现大雾,07 时大雾范围达最广,为 20 个站,空气相对湿度大部地区达 96% 以上;随着大雾的形成,比湿随之减小,大部地区比湿降为 6～8 g/kg(图 3.39)。

(3)2016 年 11 月 27 日大雾个例:11 月 26 日白天,贵州大部地区雨止转多云到晴天,26 日 20 时空气相对湿度大部地区为 70%～90%,比湿为 6～8 g/kg,空气中仍有较

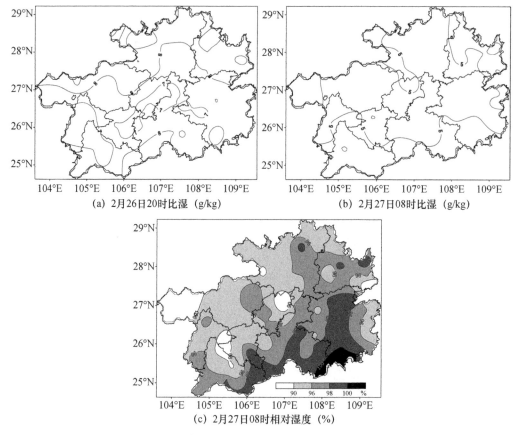

(a) 2月26日20时比湿 (g/kg)

(b) 2月27日08时比湿 (g/kg)

(c) 2月27日08时相对湿度 (%)

图 3.38 2016 年 2 月 26—27 日地面比湿和空气相对湿度

大水汽含量。随着夜间辐射降温和近地层逆温区的形成,空气中水汽达到饱和凝结形成大雾;27 日 07—08 时大雾范围达最广,为 16 个站;空气相对湿度中东部大部地区达96%以上;随着大雾的形成,比湿随之减小,大部地区比湿降为 5 g/kg 左右(图 3.40)。

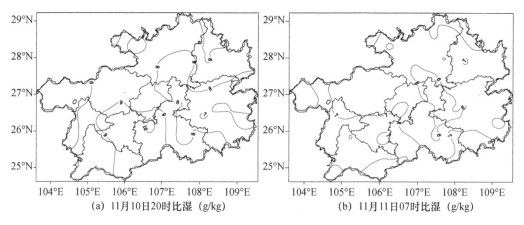

(a) 11月10日20时比湿 (g/kg)

(b) 11月11日07时比湿 (g/kg)

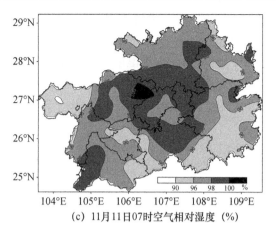

(c) 11月11日07时空气相对湿度（%）

图 3.39　2016 年 11 月 10—11 日地面比湿和空气相对湿度

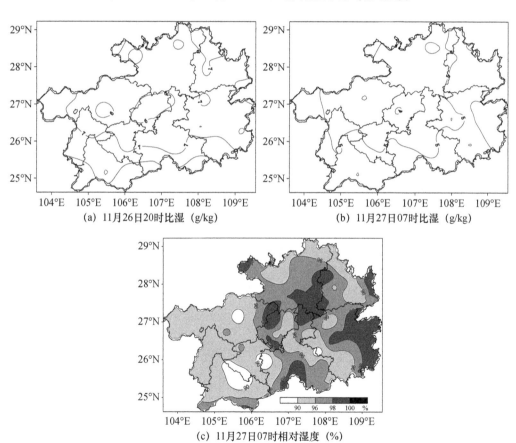

(a) 11月26日20时比湿（g/kg）

(b) 11月27日07时比湿（g/kg）

(c) 11月27日07时相对湿度（%）

图 3.40　2016 年 11 月 26—27 日地面比湿和空气相对湿度

(4) 2017 年 7 月 1—2 日大雾个例：6 月 29 日到 30 日白天由于降雨天气过程的出现，空气中水汽丰富，30 日 20 时比湿为 15～19 g/kg，空气相对湿度大部地区在

90%以上,30日夜间贵州中北部地区降雨逐渐停止,在降温影响下,水汽饱和凝结形成大雾,空气相对湿度大部地区达96%以上。7月1日天气转为多云,空气中水汽含量大,20时比湿为19~24 g/kg,空气相对湿度大部地区为70%~90%(图3.41),夜间辐射降温明显,再次造成大范围大雾天气。

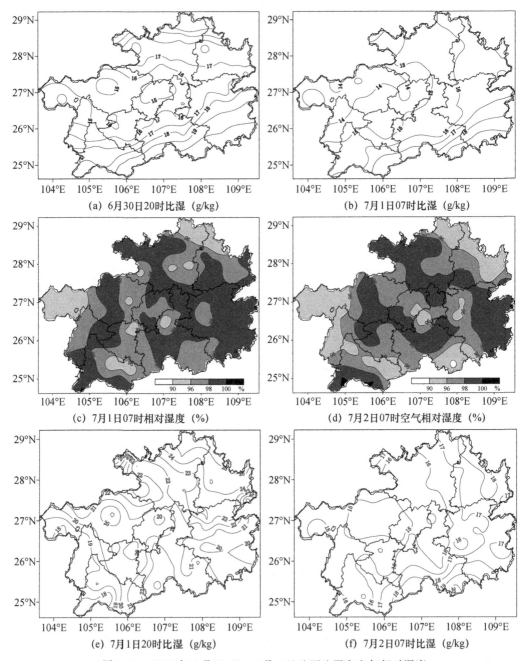

图 3.41　2017 年 6 月 30 日—7 月 1 日地面比湿和空气相对湿度

3.2.4 动力条件

近地层空气微弱扰动是辐射大雾形成的动力条件,微弱风速作用有利于空气垂直混合,致使辐射冷却效应能够伸展到较高厚度的大气中,从而形成辐射大雾。没有风的作用,辐射冷却效应仅发生在贴近地面的气层中,只能生成薄薄的浅雾;风速较大,将导致上下空气流动过强,辐射降温幅度较小,水汽不易达到过饱和状态,从而不易形成辐射大雾。对 4 次个例分析表明,辐射大雾形成前后 10 min 平均风速一般为 0.5~2 m/s(图 3.42~3.45)。

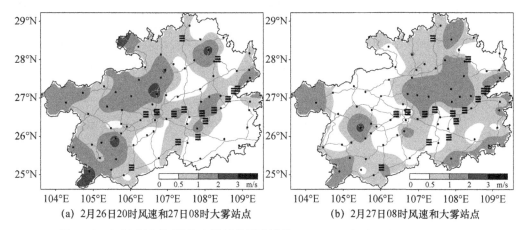

(a) 2月26日20时风速和27日08时大雾站点　　　(b) 2月27日08时风速和大雾站点

图 3.42　2016 年 2 月 27 日大雾过程风速形势(≡为大雾站点;色斑为风速,单位:m/s)

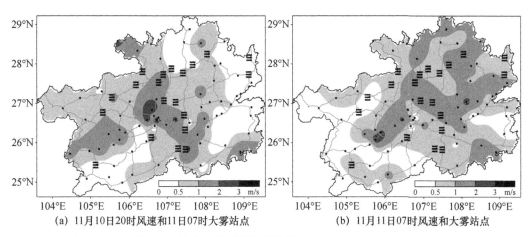

(a) 11月10日20时风速和11日07时大雾站点　　　(b) 11月11日07时风速和大雾站点

图 3.43　2016 年 11 月 11 日大雾过程风速形势(≡为大雾站点;色斑为风速,单位:m/s)

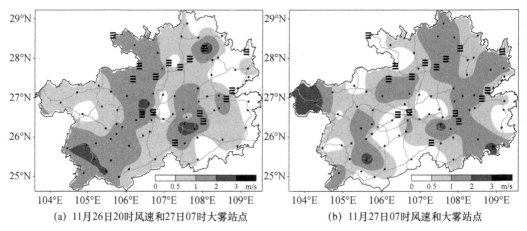

(a) 11月26日20时风速和27日07时大雾站点   (b) 11月27日07时风速和大雾站点

图 3.44　2016 年 11 月 27 日大雾过程风速形势(≡为大雾站点;色斑为风速,单位:m/s)

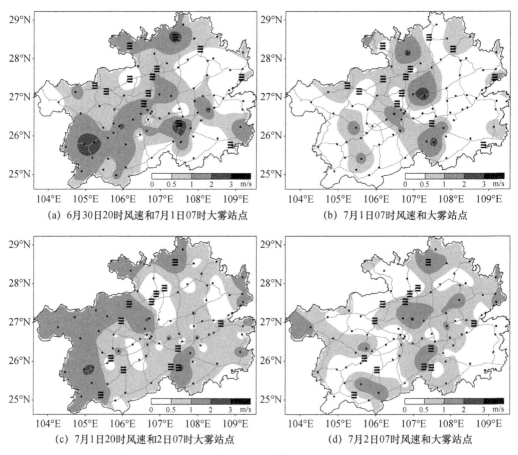

(a) 6月30日20时风速和7月1日07时大雾站点   (b) 7月1日07时风速和大雾站点

(c) 7月1日20时风速和2日07时大雾站点   (d) 7月2日07时风速和大雾站点

图 3.45　2017 年 7 月 1—2 日大雾过程风速形势(≡为大雾站点;色斑为风速,单位:m/s)

3.2.5 辐射大雾天气学概念模型

通过 4 次典型个例分析,总结了辐射大雾天气学概念模型(图 3.46)。

如图所示,高空为强盛西北气流,中低空为高压脊,温度场上存在冷舌,地面受冷高压控制;夏季高空为槽后高压脊影响,中低空为切变系统后弱高压影响,有弱冷平流入侵,地面为均压场形势;夜间辐射降温明显,近地层逆温增强和微风扰动;地面风速较小、相对湿度较大,大雾初期气温下降。

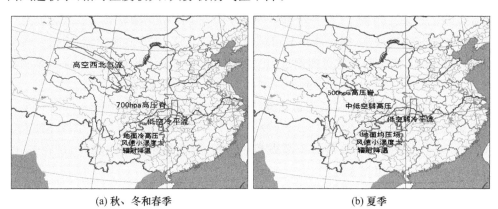

(a) 秋、冬和春季   (b) 夏季

图 3.46 辐射大雾天气概念模型

3.2.6 海拔高度与辐射大雾的相关性

以 2016 年 11 月 11 日大雾天气过程为例,利用自动气象站和交通气象站逐分钟能见度观测资料,分析海拔高度与辐射大雾的相关性。

2016 年 11 月 10 日夜间到 11 日早晨贵州出现大面积辐射大雾天气,11 日 01—09 时持续有 15~20 个站出现大雾。这次大雾天气造成杭瑞、兰海、银百等高速公路部分路段出现持续性低能见度,对交通影响较大。

针对出现大雾的气象站点,筛选距离相对较近(约 20 km 以内)的 3 个交通气象站为分析对象(表 3.2),对比分析山区辐射大雾演变特点。

表 3.2 2016 年 11 月 11 日大雾过程气象站与交通气象站相关信息

气象站		交通气象站		气象站与交通气象站间距(km)	气象站与交通气象站海拔高度差(m)
站名	海拔(m)	站名	海拔(m)		
德江	630	煎茶	879	17	−249
金沙	942	平子上隧道	1472	15	−530
兴仁	1378	团坡	1393	7	−15

对比气象站与交通气象站能见度发现,地面冷高压系统影响下相邻区域内海拔

高度与能见度具有正相关性,海拔相对较低处能见度较低,大雾现象严重,大雾起始时间较早、结束时间较晚、持续时间较长。11月10日随着冷高压将静止锋推到云南中西部地区,贵州大部地区天气由阴雨转为晴天,11日夜间在辐射降温作用下大范围大雾迅速产生。

德江气象站和煎茶交通气象站位于贵州东部,海拔为 600~900 m,德江气象站海拔比煎茶交通气象站低 249 m。监测资料显示德江气象站于 11 日 02 时 10 分—03 时 10 分开始断断续续出现大雾,在 03 时 15 分—10 时 55 分持续维持大雾天气,并在 03 时 25 分—09 时 35 分持续维持能见度不足 200 m 的浓雾天气。煎茶交通气象站由于海拔高度较高,能见度状况相对较好,于 05 时 40 分出现大雾,比德江气象站晚 3 h,09 时 35 分后大雾迅速消散,比德江气象站大雾消散时间提前近 1 个多小时,大雾期间只有较少时刻观测到能见度低于 200 m 的浓雾(图 3.47)。

金沙气象站和平子上隧道交通气象站位于贵州北部,海拔为 900~1500 m,金沙气象站海拔比平子上隧道低 530 m,金沙于 11 日 02 时 45 分—08 时产生持续性大雾天气,平子上隧道交通气象站由于海拔相对较高,因此能见度相对较好,仅在 07 时 50 分—08 时 15 分出现大雾。

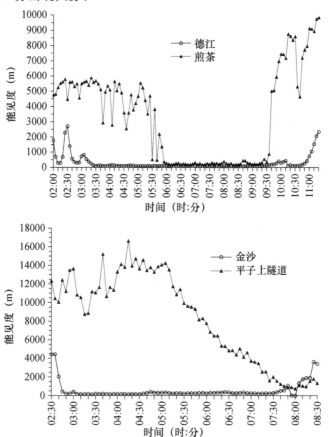

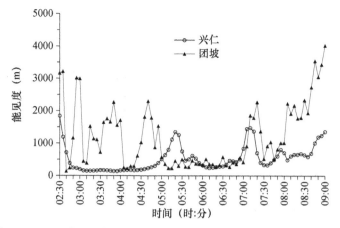

图 3.47　2016 年 11 月 11 日大雾过程气象站与交通气象站能见度对比

兴仁气象站和团坡交通气象站位于贵州西部,海拔在 1300 m 以上,兴仁气象站海拔稍低于团坡交通气象站,两者大雾开始于 02 时 40 分—02 时 45 分,但兴仁气象站大雾持续性较稳定,团坡交通气象站大雾时有时无,波动性较大。结束时间兴仁气象站为 07 时 45 分,比团坡交通气象站晚 40 min。

3.3　小结

(1)对锋面大雾的分析表明:高空中高纬径向环流明显、高原多小槽东移,或南支槽活跃,低空偏南气流将南海水汽(有时为偏东气流将东海水汽)向贵州等地输送,静止锋云系发展和锋面系统东西摆动是大雾形成和发展的有利天气条件。水汽在贵州上空持续辐合导致低云发展增厚、云底下降,云底在海拔较高山地接地形成地面大雾;静止锋系统东西摆动,冷暖气流交汇,致使大雾持续发展;锋面逆温增强,致使大气层结较为稳定,有利于水汽在低空聚集和低云发展;低层气流辐合上升有利于低云发展加强,中层气流辐散下沉有利于云底下降形成地面大雾。在锋面系统影响下相邻区域内海拔高度与能见度具有反相关性,海拔相对较高处能见度较低,大雾现象严重、持续时间较长。贵州高速公路多修建于半山之间,海拔相对较高,在锋面天气系统影响下,高速公路更容易发生大雾。

(2)对辐射大雾的分析表明:秋、冬、春季高空受强盛西北气流影响,中低空为高压脊影响,温度场上存在冷舌,地面受冷高压控制;夏季高空为槽后高压脊影响,中低空为切变系统后弱高压影响,并有弱冷平流入侵,地面为均压场形势;低空冷平流影响加上夜间辐射降温作用有利于大雾天气形成。地面辐射降温致使近地层逆温区形成或增强,近地面大气处于较稳定状态,大雾主要由近地面水汽凝结形成;近地层空气微弱扰动是辐射大雾形成和发展的动力条件。辐射大雾天气下相邻区域内海拔高度与能见度具有正相关性,海拔相对较低处能见度较低,大雾现象严重,大雾起始时间较早、结束时间较晚、持续时间较长。

第4章 高速公路大雾预报预警指标及雾天行车注意事项

4.1 大雾预报预警思路

大雾预报:贵州大雾主要表现为辐射大雾、锋面大雾和地形大雾,有时是辐射、锋面及地形共同作用的混合大雾。对贵州高速公路大雾预报首先需要分析天气影响系统,明确可能形成大雾的天气形势,区分可能形成的大雾类型;然后以数值天气预报产品为基础,对比大雾预报指标,判别风、温、湿等气象条件,确定是否会形成大雾;再结合地形特点给出高速公路大雾精细化预报结果。贵州属于高原山区,高速公路大多建于半山之间,多桥梁、隧道相连,地势相对较高,在锋面天气形势下,高速公路相对于邻近气象观测站来说大雾现象更加频发,因此,高速公路大雾预报需要以邻近气象观测站天气为参考。

大雾预警:基于贵州现有气象观测站和交通气象站实测能见度信息,根据大雾预警等级标准,以高速公路地理信息为背景,实现高速公路大雾预警。

4.2 大雾预报指标

通过锋面大雾和辐射大雾天气个例分析,结合高速公路大雾分布特征,总结形成贵州高速公路大雾预报指标。

4.2.1 锋面大雾预报指标

主要时段:锋面大雾主要发生在冷空气活跃季节,以秋、冬、春季出现较多。由于冷空气影响,静止锋易在云贵高原形成和持续,有利于大雾形成。重点考虑1—6月和10—12月,大雾在一天中任何时刻都可能出现。

环流形势:高空中高纬径向环流明显、高原多小槽东移,或南支槽活跃,低空偏南气流持续发展,静止锋云系发展和锋面系统东西摆动。

静止锋变化趋势:静止锋在贵州中北部维持,重点考虑息烽、开阳、大方、万山等地附近路段;静止锋在贵州西部边缘维持,重点考虑普安、晴隆、贞丰等地附近路段。

受地面冷空气影响、静止锋西伸发展,重点考虑贵州中西部高海拔路段。南风增强、静止锋东退北抬,重点考虑贵州中西部高海拔路段。

大气层结状况:探空图上 800 hPa 附近有逆温存在,低层空气湿度接近饱和(850 hPa 温度露点差<1℃),云底下降至低于 850 hPa 高度。

水汽和动力条件:大范围大雾前,低空偏南风将南海水汽或偏东风将东海水汽向贵州输送,850 hPa 比湿大于 6 g/kg 并处于水汽辐合带。低层气流辐合(负散度)和中层气流辐散(正散度)有利于低云发展增厚,进而促进云底下降,形成地面大雾。

地面要素预报:以欧洲中心数值预报为基础,地面空气相对湿度>96%(或温度露点差<0.6℃),10 min 平均风速<4 m/s,小时气温微降或微升,小时变温<1℃。

4.2.2 辐射大雾预报指标

主要时段:辐射大雾主要发生在夜间到早晨,有利天气条件下,全年都可能出现,但以秋、冬、春季出现较多。

环流形势:秋、冬、春季高空为强盛西北气流,中低空高压脊影响,温度场上存在冷舌,地面受冷高压控制,天气由阴雨转为晴天。夏季,高空为槽后高压脊影响,中低空为切变系统后弱高压影响,有弱冷平流入侵,地面为均压场形势,天气为雨止转晴过程中。重点考虑贵州中东部低海拔路段。

大气层结状况:探空图上 800 hPa 高度以下为深厚逆温区,夏季表现为 800 hPa 高度附近为浅层逆温;大雾之前整个大气层空气湿度较小(夏季大雾有所不同),大雾过程中近地层空气湿度较大。

水汽和动力条件:降雨过后近地面空气中水汽含量较大,在降温作用下水汽容易达到饱和,从而有利于大雾形成。大雾之前空气相对湿度大于 70%、比湿大于 6 g/kg;大雾期间空气相对湿度大于 96%,比湿有所下降。微弱风速作用是辐射大雾形成的动力条件,辐射大雾形成前后 10 min 平均风速一般为 0.5~2 m/s。

地面要素预报:以欧洲中心数值预报为基础,地面相对湿度>96%(或温度露点差<0.6℃),10 min 平均风速<4 m/s,起雾初期气温下降、地气温差为负值,24 h 变温多数为负值,一般<2℃,小时变温<1℃。

4.3 大雾预警指标

无论是锋面大雾还是辐射大雾,对交通都会产生较大影响,能见度越低,危害越重。将大雾预警等级划分为 3 级(表 4.1):能见度小于 100 m 为红色预警(Ⅰ级);能见度 100~200 m 为橙色预警(Ⅱ级);能见度 200~500 m 为黄色预警(Ⅲ级)。

表 4.1 大雾预警等级划分及行车建议

预警级别	能见度(L)取值	影响程度	行车建议
黄色预警(Ⅲ级)	$200 \leqslant L < 500$ m	有一定影响	开启防雾灯,减速行驶
橙色预警(Ⅱ级)	$100 \leqslant L < 200$ m	有较大影响	开启防雾灯和危险报警闪光灯,减速慢行
红色预警(Ⅰ级)	$L < 100$ m	有严重影响	开启防雾灯和危险报警闪光灯,车辆停靠安全地带

4.4 高速公路雾天行车注意事项

贵州属于高原山区,地势起伏大。与平原地区不同,贵州高速公路隧道较多,大雾天气常导致隧道内外能见度反差较大,隧道外雾气缭绕、能见度低、视野模糊;隧道内虽然光线昏暗,但能见度好于隧道外;车辆从隧道内驶出时因能见度陡降,易发生危险。因此,大雾天气车辆行经隧道出口时要特别警惕,注意控制车速。

锋面大雾持续时间较长,一天中任何时段均有可能发生;锋面大雾时常伴有蒙蒙细雨,路面附着系数降低,容易导致刹车失阻、车辆侧滑和控制失灵等现象,从而引发交通事故;锋面大雾的生成、发展和消散与静止锋系统的生消和位置关系较大,常出现在地势相对较高路段。辐射大雾主要出现在夜间到早晨,与平原地区辐射大雾形成机制相同,在水汽充足的条件下,因夜间辐射降温作用产生。地形大雾局地性明显、范围有限,以普安、大方、息烽、开阳和万山等地出现较多。驾车人员途经大雾路段要注意减速行驶、控制车距、开启雾灯和报警闪光灯,特别注意锋面大雾天气因路面湿滑和低能见度双重因素影响而产生的安全隐患。

第5章 高速公路大雾预报预警系统建设

基于常规气象站和交通气象站实时观测资料,以及高速公路大雾预报指标、数值天气预报地面气象要素预报产品,利用计算机、网络、GIS 等先进技术设计开发了贵州高速公路大雾预报预警系统(图 5.1),实现了高速公路大雾实时监测预警和预报服务,提供高速公路大雾天气精细化预报预警服务产品。软件主要功能包括数据处理绘图、大雾预报实现、大雾预报预警服务产品展示等。

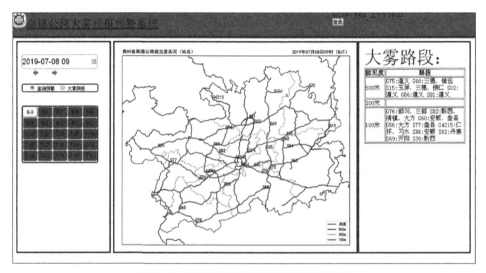

图 5.1 高速公路大雾预报预警系统界面

系统利用 Python 语言结合大雾预报的实际需要以及特定数据环境进行设计开发,实现了多观测数据统一。将站点、格点数据插值到高速路段并采用 Python＋Cartopy 绘图,生成符合使用习惯、直观明了的图形。系统将预报员判断的大雾类型提交数据库,简化了系统设计的同时,实现了大雾预报。将大雾研究成果展示给行业用户,实现大雾监测预报一体化,不仅给决策部门提供了参考依据,还提升了工作效率。

5.1 系统设计

系统建设过程中结合本地数据环境进行设计,将其主要分为数据分析模块、Web

服务模块两部分(图 5.2),其中 Web 服务模块包括 Web 设计及后台部署相关内容。

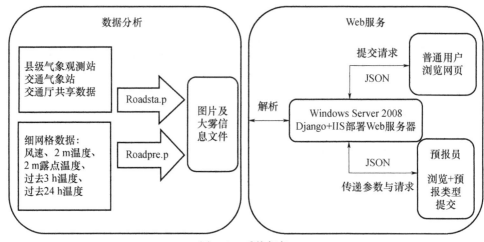

图 5.2　系统框架

5.2　数据分析模块

大雾观测数据通过能见度观测仪进行观测,目前气象部门收集到的能见度数据有常规气象站、交通气象站和交通部门共享的交通气象站数据,为站点格式资料,是大雾监测预警数据来源。大雾预报依赖前期研究成果,通过判定天气形势、地面高空气象要素值,结合数值天气预报进行计算,采用的是格点格式资料。系统自动实现站点资料处理和格点资料处理,通过数据接口统一从内部 CIMISS 数据库获取。

高速公路数据为 shp 格式数据,需要将能见度数据插值到高速公路路段上,以便能够在图形系统上直观反映。

5.2.1　系统运行环境

系统由 Python 语言开发,需要在 Python 环境下运行,Python 版本为 3.6 以上。系统依赖包信息如表 5.1 所示。

操作系统:64 位 Windows/Linux。

表 5.1　依赖包信息

序号	包名称	版本
1	Cartopy	0.16.0
2	GDAL	2.3.3
3	Urllib3	1.22.0
4	MetPy	0.10.0

续表

序号	包名称	版本
5	Scipy	1.1.0
6	Matplotlib	2.2.2
7	Numpy	1.14.5
8	Pandas	0.23.0
9	XlsxWriter	1.0.4

5.2.2　主要功能模块

系统共包括三个脚本文件:roadsta.py 、roadgrid.py、roadpre.py,分别对应实况和预报处理程序。

(1)roadsta.py

该程序根据时间参数从 CIMISS 读取能见度站点数据,包括贵州省 85 个国家气象观测站、交通气象站、交通厅共享的交通气象站数据,将数据插值到高速公路上,进行图形化显示,并输出受大雾影响的路段信息。

(2)roadgrid.py

该程序属于预留部分,为后期实况格点数据接入准备。程序定时读取格点能见度数据,插值到高速公路上,进行图形化显示,并输出受大雾影响的路段信息。

(3)roadpre.py

该程序根据时间参数读取欧洲中期天气预报中心(简称欧洲中心)细网格数值预报资料,包含 10 m 风速的 u 分量、10 m 风速的 v 分量、2 m 温度、2 m 露点温度、过去 3 h 温度、过去 24 h 温度,根据大雾预报指标判别格点雾情况,然后插值到高速公路上,进行图形化显示,并输出受大雾影响的路段信息。目前设置处理未来 36 h 的逐 3 h 大雾预报产品。

5.2.3　程序运行方式

(1)roadsta.py

程序包括两种运行方式:①不带参数运行时,默认处理当前时刻数据。②带参数运行时可以将任意时间(北京时,BJT)作为参数,程序处理该时间的数据。例如:运行命令"Python roadsta.py 2019071008",程序会从 CIMISS 获取 2019 年 7 月 10 日 08 时三类能见度数据,进行大雾判别和图形绘制,生成文本信息。

(2)roadgrid.py

该程序与 roadsta.py 运行方式相同,只是程序运行获取的数据为格点数据。

(3)roadpre.py

程序包括两种运行方式:①不带参数运行时,程序自动判断需要处理的数据。默认设定程序启动时间在 02—14 时(BJT)处理模式前一天 20 时起报的数据,启动时间在 14—20 时处理当天 08 时起报的数据,默认处理 12~36 h 时效内逐 3 h 资料。②带参数运行时可以指定模式起报时刻及预报时效。参数形式为起报时刻(世界时,UTC)+预报时效(03,06,09 等,可以单个也可以多个,用","分隔)。例如:运行命令"Python roadpre. py 2019071012 12,15,24",程序会从 CIMISS 获取 2019 年 7 月 10 日欧洲中心细网格 20 时起报,时效为 12 时、15 时和 24 时的预报数据,进行计算和绘制图形,生成文本信息。

5.2.4 产品数据源

系统自动读取常规气象站逐小时能见度、交通气象站分钟能见度、交通厅共享交通气象站分钟能见度数据,实现高速公路大雾监测预警。同时,自动读取欧洲中心数值预报中的气温、露点温度、风速等要素预报数据,根据大雾预报指标,实现高速公路大雾预报产品生成。产品数据源如表 5.2 所示。

表 5.2 产品数据源

程序	数据名	内容	接口	时效
roadsta. py	气象站地面逐小时资料	站名、站号经度、纬度能见度	按时间检索地面要素	每小时/实时
	交通气象站逐分钟资料	站名经度、纬度能见度	按时间、地区检索地面要素	每小时/实时
	贵州交通厅共享交通站逐分钟资料	站名、站号时间分钟平均能见度	按时间段检索地面要素	每小时/实时
roadgrid. py	CLDAS 2.0 实时数据产品	能见度	按经纬度范围、时间、层次、要素获取格点分析场数据	每小时/实时
roadpre. py	欧洲中心数值预报产品-大气模式 C1D-全球	10 m 风 u 分量 10 m 风 v 分量露点温度 2 m 温度	按经纬范围、起报时间、预报层次、预报时效检索预报要素场	每日 00/12 时预报未来 36 h逐 3 h

5.2.5 大雾监测预警产品

按照时间参数获取三类实况观测数据,将三类数据合并为统一格式产品,按照大雾预警标准将能见度分为小于 100 m、100~200 m、200~500 m、大于 500 m 四个等级,结合高速路段信息进行插值计算,不同等级能见度通过 metpy. interpolate. interpolate_to_points 插值到高速路段上,最后根据插值后的路段信息进行填色处理,同时将有雾路段信息输出保存为文本文件,按照指定文件名格式进行存储供前端显示(图 5.3)。

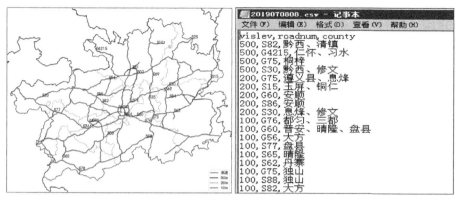

图 5.3 大雾监测预警图形产品及对应路段信息

5.2.6 大雾预报服务产品

采用格点预报插值实现高速路段预报。目前数值预报数据都是格点格式,采用高分辨率数据,空间分辨率达 12.5 km,时间分辨率达 3 h。提取最新时次数值预报地面要素数据,包括地面空气相对湿度(或温度露点差)、10 min 平均风速、气温、3 h 变温、24 h 变温。前期研究结果将贵州大雾分为辐射雾和锋面雾,对应不同指标进行分类并分析计算,通过 metpy. interpolate. interpolate_to_points 插值到高速公路路段上,最终形成锋面雾、辐射雾以及无雾的图形产品,同时生成对应的大雾信息文件,按照指定文件名格式进行存储(图 5.4)。

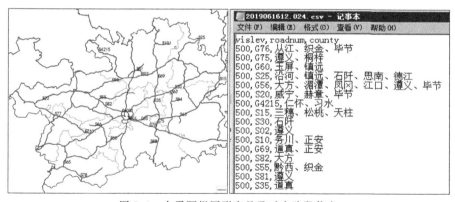

图 5.4 大雾预报图形产品及对应路段信息

5.3 Web 服务实现

5.3.1 运行环境

该程序由 Python 语言开发,需要在 Python 环境下运行,Python 版本为 3.6 以上。除表 5.2 中所列的包以外,其他依赖包信息如表 5.3 所示。

表 5.3 其他依赖包信息

序号	包名称	版本
1	Django	2.2.2

5.3.2 创建模式

Web 模块创建 3 种模式(图 5.5),包括用户、大雾类型、访问信息。模型建立后通过两个命令 python manage.py makemigrations 和 python manage.py migrate,django 将会自动创建数据库:

```
1    from django.db import models
2
3    # Create your models here.
4    class Users(models.Model):
5        ID = models.AutoField(primary_key = True)
6        username = models.CharField(max_length=16,verbose_name='用户名')
7        passwd = models.CharField(max_length=32,verbose_name='密码')
8        ctime = models.DateTimeField(auto_now=True,verbose_name='创建时间')  #每当你创建一行数据时, Django就会在该行数据中增加一个ctime字段
9        uptime = models.DateTimeField(auto_now_add=True,verbose_name='更新时间')  #当前表任何一行数据有更新时, Django就会自动更新该字段.
10       def __unicode__(self):
11           return self.username
12       def __str__(self):
13           return self.username
14
15   class FlogType(models.Model):
16       ID = models.AutoField(primary_key = True)
17       UserName = models.CharField(max_length=16,verbose_name='用户名')
18       IP = models.GenericIPAddressField(protocol='ipv4',null=True,blank=True)
19       UserAgent = models.CharField(max_length=128,null=True,blank=True)
20       flogtype = models.CharField(max_length=20)    #大雾类型
21       ctime = models.DateTimeField(auto_now=True)   #每当你创建一行数据时, Django就会在该行数据中增加一个ctime字段
22       forcasttime = models.DateTimeField()  #起报时间
23       class Meta:
24           get_latest_by = 'ctime'
25
26   class VisitInfo(models.Model):
27       ID = models.AutoField(primary_key = True)
28       UserName = models.CharField(max_length=16,verbose_name='用户名')
29       IP = models.GenericIPAddressField(protocol="ipv4",null=True,blank=True)
30       UserAgent = models.CharField(max_length=128,null=True,blank=True)
31       ctime = models.DateTimeField(auto_now=True)  #每当你创建一行数据时, Django就会在该行数据中增加一个ctime字段
32       time0 = models.DateTimeField(default=None)  #数据时间
33       forcast_obs = models.CharField(max_length=20)    #预报/实况
34       flogtype = models.CharField(max_length=20)  #大雾类型
35       hh = models.IntegerField()   #预报时效或者实况时间  , 数据预报时效
```

图 5.5 Web 模块信息

用户(Users)模型,包括 ID、username、passwd、ctime、uptime,分别记录用户 ID、用户名、用户密码、创建时间、更改时间,ID 采用系统自增类型,ctime、uptime 根据系统创建时间自动创建入库,其余参数需要手动创建入库。

大雾类型（FlogType）模式记录大雾类别，包括 ID、username、IP、UserAgent、flogtype、ctime、forcasttime，分别记录 ID、用户名、用户 IP、用户浏览器信息、大雾类型、创建时间、预报起始时间，ID 采用系统自增类型，ctime 根据系统创建时间自动创建入库，UserAgent 为用户浏览器相关信息经过解析后入库，flogtype 为大雾类型（NOFLOG、YBFM、YBFS）。

访问信息（VisitInfo）模式记录用户访问行为，包括 ID、username、IP、UserAgent、ctime、time0、forcast_obs、flogtype、hh，分别记录 ID、用户名、用户 IP、用户浏览器信息、创建时间、数据时间、预报（或实况）、大雾类型、预报时效（或实况时间）。

5.3.3　路径配置

配置 index、picurl、login、logout、savetype、image 六个路径，分别对应首页、图形检索、登录、登出、保存大雾类型、图形路径，如图 5.6 所示，其中 index、login、logout 不带参数即可访问。picurl 为图形检索，必须带指定参数才能返回正确信息；savetype 必须登录后带正确参数才能入库保存大雾类型；图形路径对应数据存储的绝对路径地址。

```
from django.urls import path,re_path
from . import views
from django.views.static import serve
urlpatterns = [
    path(r'index/',views.index,name='index'),
    path(r'picurl',views.picurl,name='picurl'),
    path(r'login',views.UserLogin,name='login'),
    path(r'logout',views.UserLogout,name='logout'),
    path(r'savetype',views.SaveFlogType,name='savetype'),
    re_path(r'^image/{?P<path>.*}$', serve, {'document_root': r'D:\Freinds\吉廷艳\JTY\产品例子'})
]
```

图 5.6　路径配置

5.3.4　编写视图函数

在彩色首页，通过调用 base.html 生成页面，其界面如图 5.7 所示。

图形检索，采用 get 方式传递参数，根据接收参数返回图形 url 以及对应的大雾信息，统一生成 json 格式供前端解析。访问前首先记录访问信息再进入模型数据库。

登录，采用 post 方式登录，用户提供用户名密码，验证后才能登录并保存 session，登录后具有大雾类型提交权限。

登出，退出登录，同时清除 session。

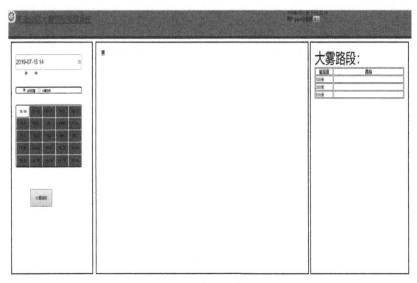

图 5.7   首页生成界面

保存大雾类型,根据 session 状态判断是否登录,没有登录的返回未登录信息。大雾类型提交根据时间选择框进行提交,提交的大雾类型为对应时间的下一次大雾预报类型。参数通过 get 方式获取,根据 model 的 flogtype 类型提取访问信息并存储,返回类型为 json 格式。

5.3.5   Web 模板

编写 base. html 模板,存储在 templates 下,预留参数通过 django 的语法格式进行传递。创建静态文件夹 static,通过 static/css/flog. css 文件控制页面风格,static/js/base. js 文件实现页面的按钮操作、数据获取、图形显示、文字显示等功能。

5.4   后台部署

安装 Python 及依赖库。

5.4.1   绘图计划

绘图程序存放在 D:\FlogForecast\mypython 目录下,对应有文件夹 map 以及 roadsta. py、roadpre. py 两程序。map 文件夹下存放绘制地图的地图数据以及高速公路数据,roadsta. py、roadpre. py 分别对应实况和预报的绘图处理程序。

编写 plot. bat 文件,如图 5.8 所示。

设置计划任务,每 10 min 运行一次,实况资料处理因为数据的延迟性问题,会不断重复绘制,绘制后将在程序主目录下生成 sksta 目录,并生成对应日期子目录,同

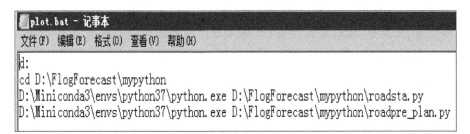

图 5.8　编写 plot. bat 文件

时生成图形(文件存储格式后缀为 png)和大雾信息文件(文件存储格式后缀为 csv),如图 5.9 所示。

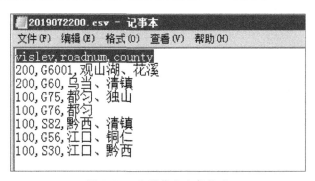

图 5.9　图片和信息文件界面

大雾信息文件存储格式:第一行 vislev,roadnum,county,后面为数据行,每行一个记录,包括能见度级别、道路名、影响地区,如图 5.10 所示。

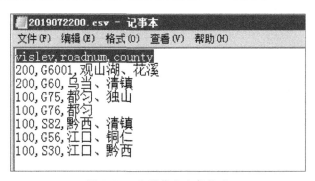

图 5.10　大雾信息文件格式

roadpre. py 为预报程序,运行后生成 NOFLOG、YBFM、YBFS 三个文件夹,分别对应无雾、锋面雾、辐射雾文件夹,并在其目录下创建对应日期文件夹,生成图片文件和大雾信息文件,当图片文件已经生成,系统将自动跳过不再重复绘制。

5.4.2 网站部署

将开发的代码及相关文件全部复制到 D:\FlogForecast\JTY,其下有 JTY、flog、static 三个目录,分别存放工程配置文件、大雾 webapp、静态文件 3 个目录,还包含 manage. py 文件,通过数据库命令生成 db. splite3 数据库文件。

JTY 文件夹下配置,urls. py 为项目配置路径,如图 5.11 所示。

```
from django.contrib import admin
from django.urls import path,include

urlpatterns = [
    path('admin/', admin.site.urls),
        path('', include('flog.urls')),
]
```

图 5.11　项目配置路径

Setting. py 为项目设置,可对数据库、app、静态文件进行设置,如图 5.12 所示,标注了重要修改。

```
ALLOWED_HOSTS = ['*']
INSTALLED_APPS = [
    'django.contrib.admin',
    'django.contrib.auth',
    'django.contrib.contenttypes',
    'django.contrib.sessions',
    'django.contrib.messages',
    'django.contrib.staticfiles',
    'flog'
]
WSGI_APPLICATION = 'JTY.wsgi.application'
DATABASES = {
    'default': {
        'ENGINE': 'django.db.backends.sqlite3',
        'NAME': os.path.join(BASE_DIR, 'db.sqlite3'),
    }
}
STATIC_URL = '/static/'
STATICFILES_DIRS = (
    os.path.join(BASE_DIR, "static"),
)
STATIC_ROOT = os.path.join(BASE_DIR,'/static/')
```

图 5.12　项目设置

    Flog 目录为 app 主目录,其下有 templates、migrations 目录。templates 存放 base. html 模板文件,migrations 存放数据库相关文件;同时还有 _ init _. py、ad-min. py、apps. py、forms. py、models. py、urls. py、views. py 文件,其中 models. py、urls. py、views. py 分别对应模型、路径、视图函数主程序。

    Static 目录为静态文件目录,其下有 admin、css、html、images、js、My97DatePicker 文件夹。admin 为 django 自带管理后台相应配置文件,css 下存放 flog. css 为 WEB 格式控制,html 存放大雾指标帮助文档,images 存储相关图片文件,js 下 base. js 存放页面功能控制文件。

    服务器环境为 Windows Server 2008 r2 enterprise 版本,Windows 下采用 iis 与 Django 结合部署。具体操作如下:

    运行命令 pip install wfastcgi,安装 wfastcgi;

    安装成功后,运行 wfastcgi-enable,将在主目录下生成 wfastcgi. py 文件;

    在主目录下配置 web. config(图 5.13)。

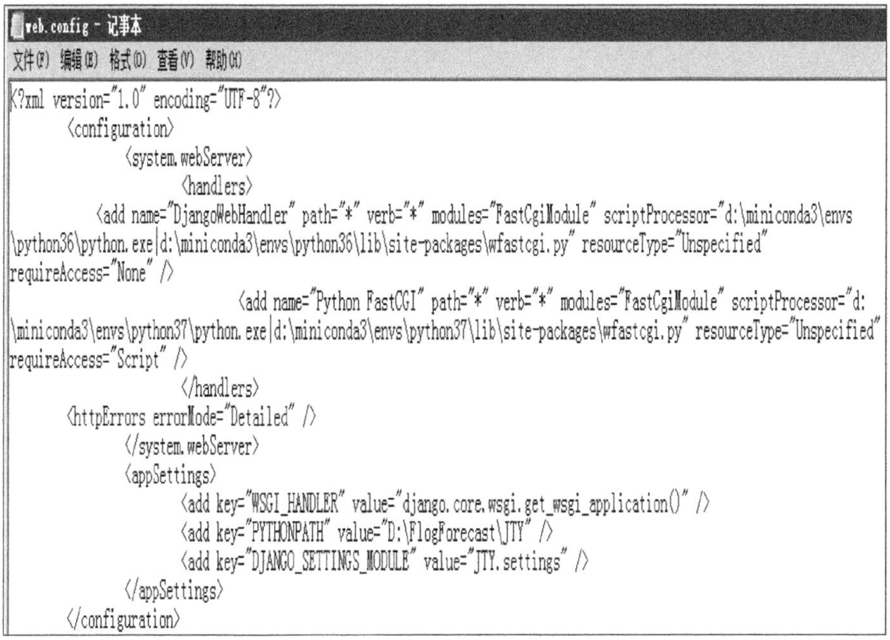

图 5.13　配置 web. config

    安装 IIS 配置:打开 IIS 管理器,新增网站,添加目录、端口号,在新建的网站下面,添加虚拟目录,选择 static 目录,并在 static 目录下新建文件 web. config,内容如图 5.14 所示。

    重启 IIS 即可生效。

```
web.config - 记事本
文件(F)  编辑(E)  格式(O)  查看(V)  帮助(H)
<?xml version="1.0" encoding="UTF-8"?>
    <configuration>
        <system.webServer>
        <!-- this configuration overrides the FastCGI handler to let IIS serve the static files -->
        <handlers>
            <clear/>
            <!-- the configuration document write by Kahn.xiao -->
            <add name="StaticFile" path="*" verb="*" modules="StaticFileModule" resourceType="File"
requireAccess="Read" />
        </handlers>
        </system.webServer>
    </configuration>
```

图 5.14 安装 IIS 配置

参 考 文 献

[1] 张利娜,张朝林,王必正,等.北京高速公路大气能见度演变特征及其物理分析[J].大气科学,2008,32(6):234-236.

[2] 吴彬贵,解以扬,吴丹朱,等.京津塘高速公路秋冬雾气象要素与环流特征[J].气象,2010,36(6):21-28.

[3] 吴兑,赵博,邓雪娇,等.南岭山地高速公路雾区恶劣能见度研究[J].高原气象,2007,26(3):649-654.

[4] 王博妮,濮梅娟,田力,等.江苏沿海高速公路低能见度浓雾的气候特征和影响因子研究[J].气象,2016,42(2):192-202.

[5] 田小毅,吴建军,严明良,等.高速公路低能见度浓雾监测预报中的几点新进展[J].气象科学,2009,29(3):414-420.

[6] 吴东阁.汝郴高速公路能见度特性及影响因素分析[J].公路与汽运.2013,158(5):90-93.

[7] 陈晓红,严小静,周扬帆,等.2010年安徽省高速公路一次连续性大雾过程初探[J].安徽农业科学,2011,39(29):18170-18174,18191.

[8] 张艳,红欧博,孙晓光.大雾天气高速公路交通事故成因分析及解决措施[J].中国科技信息,2008,19:294-297.

[9] 田华,王亚伟.京津塘高速公路雾气候特征与气象条件分析[J].气象,2008,34(1):66-71.

[10] 包云轩,丁秋冀,袁成松,等.沪宁高速公路一次复杂性大雾过程的数值模拟试验[J].大气科学,2013,37(1):124-136.

[11] 吴和红,严明良,缪启龙,等.沪宁高速公路大雾及气象要素特征分析[J].气象与减灾研究,2010,33(4):31-37.

[12] 严明良,缪启龙,袁成松,等.沪宁高速公路一次大雾过程的数值模拟及诊断分析[J].高原气象,2011,30(2):428-436.

[13] 丁秋冀,包云轩,袁成松,等.沪宁高速公路团雾发生规律及局地性分析[J].气象科学,2013,33(6):634-642.

[14] 周慧,解以杨,高鹰.京津塘高速公路大雾天气气候特征及其对交通的影响[J].灾害学,2008,23(3):48-53.

[15] 王佳,郭根华,严明良,等,WRF模式对沪宁高速公路浓雾的模拟与检验研究[J].热带气象学报,2014,30(2):377-381.

[16] 李岚,李洋,邢江月,等.沈大高速公路雾气候特征与气象要素分析[J].气象与环境学报,2009,25(1):49-53.

[17] 陈贝,徐洪刚,王明天,等.成乐高速公路大雾预报方法研究[J].高原山地气象研究,2012,32(2):70-76.

[18] 崔驰潇,包云轩,袁成松,等. 江苏省沿海高速公路雾的时空变化特征研究[J],科学技术与工程,2015,15(12):6-20.

[19] 万小雁,包云轩,严明良,等. 不同陆面方案对沪宁高速公路团雾的模拟[J]. 气象科学,2010,30(4):487-494.

[20] 唐延婧,裴兴云. 贵州交通站资料应用于山区高速公路低能见度研究[J]. 热带气象学报,2015,31(2):280-288.

[21] 全国气象防灾减灾标准化技术委员会. 高速公路能见度监测及浓雾的预警预报:QX/T 76-2007[S]. 北京:气象出版社,2007.

[22] 周福,钱燕珍,金靓,等. 宁波海雾特征和预报着眼点[J]. 气象,2015,41(4):438-446.

[23] 许爱华,陈翔翔,肖安,等. 江西省区域性平流雾气象要素特征分析及预报思路[J]. 气象,2016,42(3):372-381.

[24] 田小毅,朱承瑛,张振东,等. 长江江苏段江面雾的特征和预报着眼点[J]. 气象,2018,44(3):408-415.

[25] 王丽萍,陈少勇,董安祥. 气候变化对中国大雾的影响[J]. 地理学报,2006,61(5):527-536.

[26] 林建,杨贵名,毛冬艳. 我国大雾的时空分布特征及其发生的环流形势[J]. 气候与环境研究,2008,13(2):171-181.

[27] 景学义,张雪梅,兰博文. 哈尔滨市区雾的特征分析及预报指标研究[J]. 自然灾害学报,2005,14(2):47-49.

[28] 王正旺,庞转棠,张磊,等. 长治市大雾气候特征及预报[J]. 自然灾害学报,2009,18(3):79—86.

[29] 黄治勇,牛奔,杨军,等. 湖北西南山地一次辐射雾和雨雾气象要素特征的对比分析[J]. 气候与环境研究,2012,17(5):532-540.

[30] 刘小宁,张洪政,李庆祥,等. 我国大雾的气候特征及变化初步解释[J]. 应用气象学报,2005,16(2):220-230.

[31] 魏建苏,朱伟军,严文莲,等. 江苏沿海地区雾的气候特征及相关影响因子[J]. 大气科学学报,2010,33(6):680-687.

[32] 罗喜平,杨静,周成霞. 贵州雾的气候特征研究[J]. 北京大学学报,2008,44(5):765-772.

[33] 陈娟,罗宇翔,郑小波. 近50年贵州雾的时空分布及变化[J]. 高原山地气象研究,2013,33(2):46-50.

[34] 谢清霞,唐延婧,庞庆兵,等. 贵州辐射雾的时空变化特征及其气象要素分析[J]. 气象与环境科学,2016,39(2):119-125.

[35] 夏晓玲,唐延婧. 贵州山区地形雾5a气象要素特征分析[J]. 贵州气象,2015,39(1):50-54.

[36] 马翠平,吴彬贵,李江波,等. 一次持续性大雾边界层结构特征及诊断分析[J]. 气象,2014,40(6):715-722.

[37] 李芳,李永果,郭卫华,等. 鲁西南一次春季大雾天气特征分析及探讨[J]. 中国农学通报,2014,30(5):268-271.

[38] 严文莲,朱承瑛,朱毓颖,等. 江苏一次大范围的爆发性强浓雾过程研究[J]. 气象,2018,44(7):892-901.

[39] 吕博,贾斌,韩风军,等. 山东中西部一次持续性大雾的形成及维持机制[J]. 干旱气象,

2014,32(5):830-836.

[40] 王爽,张宏升,吕环宇,等. 大连初冬一次辐射平流雾天气过程分析[J]. 大气科学学报,2011,34(5):614-619.

[41] 李子华,刘端阳,杨军. 辐射雾雾滴谱拓宽的微物理过程和宏观条件[J]. 大气科学,2011,35(1):41-54.

[42] 马翠平,吴彬贵,李云川,等. 冀中南连续12天大雾天气的形成及维持机制[J]. 高原气象,2012,31(6):1663-1674.

[43] 路传彬,陈娟,尉传阳,等. 一次皖北大雾的高空气象特征分析[J]. 中国农学通报,2013,29(29):195-200.

[44] 宋润田,金永利. 一次平流雾边界层风场和温度场特征及其逆温控制因子的分析[J]. 热带气象学报,2011,17(4):443-451.

[45] 万瑜,曹兴,窦新英,等. 2011年12月乌鲁木齐市一次大雾天气成因[J]. 干旱气象,2013,31(2):383-389.

[46] 陈永林,刘晓波. 上海一次连续大雾过程的成因分析[J]. 气象科技,2013,41(1):131-137.

[47] 曹祥村,邵利民,李晓东. 黄渤海一次持续性大雾过程特征和成因分析[J]. 气象科技,2012,40(1):92-99.

[48] 黄彬,王晴,陆雪,等. 黄渤海一次持续性大雾过程的边界层特征及生消机理分析[J]. 气象,2014,40(11):1324-1337.

[49] 杨静,汪超. 贵州山区一次锋面雾的数值模拟及形成条件诊断分析[J]. 贵州气象,2010,34(2):3-9.

[50] 杨静,汪超,彭芳,等. 低纬山区一次持续锋面雾特征探讨[J]. 气象科技,2011,39(4):445-452.

[51] 崔庭,吴古会,赵玉金,等. 滇黔准静止锋锋面雾的结构及成因分析[J]. 干旱气象,2012,30(1):114-118.

[52] 王兴菊,吴哲红,陈贞宏. 贵州省两次大雾过程的对比分析[J]. 贵州气象,2014,38(4):17-21.

[53] 罗喜平,周明飞,汪超,等. 贵州区域性辐射大雾特征与形成条件[J]. 气象科技,2012,40(5):799-806.